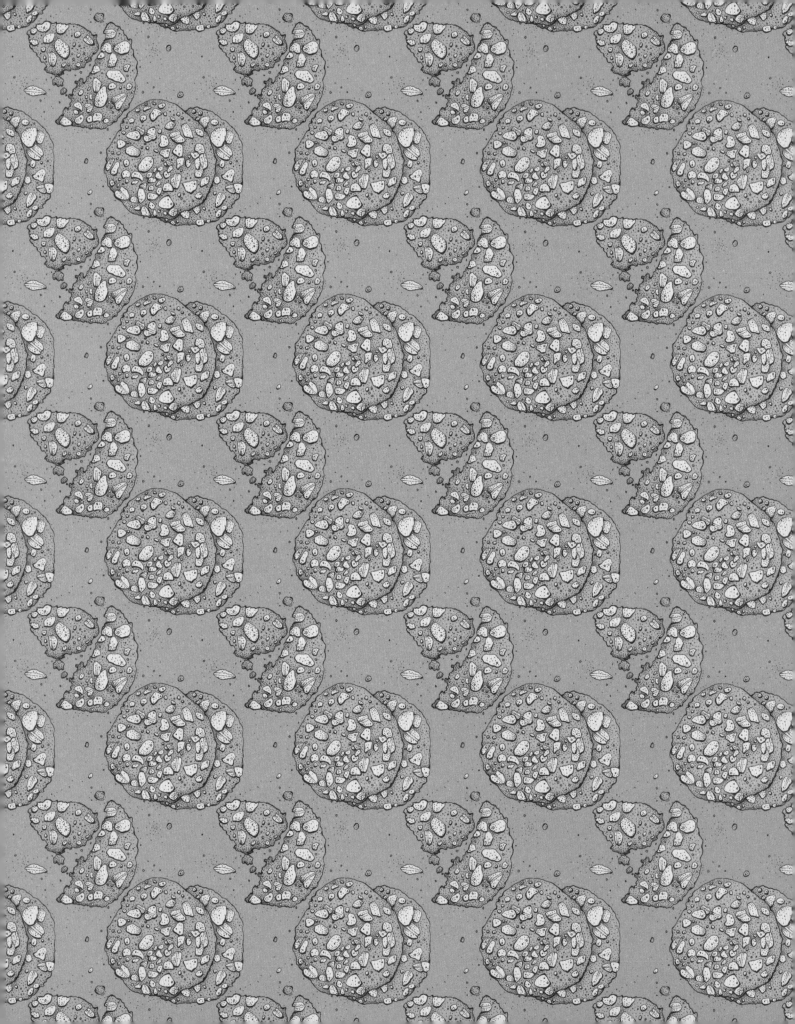

私房烘焙的第一堂课

[英] 简·霍恩比　著
朱晓朗　译

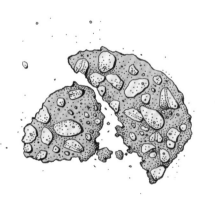

北京出版集团公司
北京美术摄影出版社

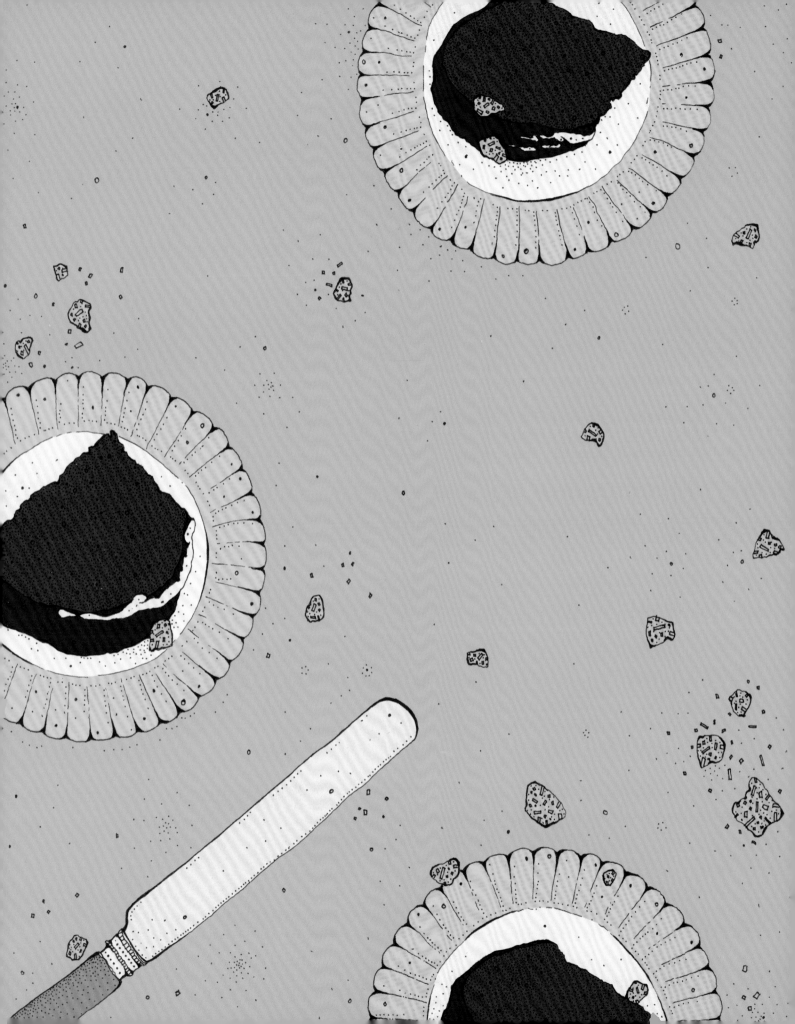

目录

烘焙于我而言，意味着很多事。朋友需要关爱或帮助的时候，或聚在一起相互陪伴和聊天的时候，有糕点相伴无疑是最美妙的。当然有时，潜心烘焙只因我希望全心投入其中，暂时远离现实。我爱烘焙，无论何种心情或场合，无论与哪些朋友共同品尝，我永远都不担心找不到合适的食谱；每个人都可以选用自己偏爱的味道、食材和应季水果，烤出专属的特色糕点。烘焙是创意、是科学，有点儿神奇，也有很多的乐趣。当然还有一点很重要，自己做的东西总是比外面买的更好吃。

如果你想要烤个生日蛋糕却不知道从何处开始，如果你在最后一分钟被告知要为食品义卖活动做些点心，如果你觉得自己被那些熟悉的食谱束缚住了，那这本书正好适合你。即便你从未尝试过烘焙，本书中基础且广受欢迎的家庭食谱，既能应对各种场合，又能配合繁忙的生活节奏。对于经验丰富的烘焙达人，本书中也有丰富的内容值得学习或回顾。作为一名美食作家和烹饪教师，我在过去的10年间不断创作新的烘焙食谱，但写作本书的过程仍然让我有新的感悟。例如，过去我经常买马卡龙，但很少自己做。现在，我想出了做马卡龙的简便方法，并且彻底迷上了制作马卡龙。此外，我还简化和改进了很多的基本烘焙食谱，仅瑞士卷和布朗尼我就已经试验过不下100次。

本书所介绍的每个食谱都被分解成若干步骤，每个步骤都包含初学者需要的各类详细信息。逐步演示并以照片的形式展现操作细节，这一呈现方式使本书成为初学者不可多得的入门法宝。我尽力把每个食谱都变成一堂迷你烘焙课。只要尝试过一次，你就会忍不住反复练习，而且第二次尝试时，你说不定就可以加入自己的想法了。烘焙新手们将越做越自信。

本书的结构非常实用。50个食谱根据它们适用的场合分类。其中大部分食谱是经典的家庭烘焙食谱，也有小部分是大胆创新的配方。"简单家庭烘焙"一章中介绍的，都是不需要太多工具和时间的食谱，非常适合做给孩子，或者和孩子们一起做。"晨间咖啡下午茶"一章集合了适用于任何时间的简单易行的食谱。"分享时刻"一章包含了经典的圣诞糕点和一些可以应对特别场合的食谱。"餐后甜点"一章中，都是适合餐后食用的点心食谱。本书的食谱中包含实用的烘培窍门和简便方法，也为希望更换烘焙模具、缩短制作时间或者修改食谱的读者提供替换方案，例如依据自己的口味变换食谱的风味，或者改变原材料让成品更易于在冰箱中冷藏保存。

我知道很多人擅长烹饪但对烘焙一窍不通。严谨的态度是成功的第一步。我制作糕点时从不敢掉以轻心，经常反复念叨着我的烘焙咒语：耐心、仔细称量，操作前先读食谱，开始做后就顺其自然。如果你是烘焙新手，请务必花些时间仔细阅读后面的几页，特别是有关如何称量食材的内容，其中详尽的方法和图片都非常有用。读者们写信和邮件告诉我，《第一堂课》系列的前两本书已经把他们（或者他们的家长、孩子、朋友、邻居）从烹饪菜鸟变成自信且基本技能过硬的厨师。我希望本书也能帮到那些想学习烘焙的人。希望本书能帮你发现（或重新发现）在家烘焙糕点的乐趣，并且体验到做出美味糕点后那种无与伦比的自豪感。

快乐地烤吧！

简·霍恩比

如何有效利用这本食谱

这本书的目的是解答烘焙学习过程中的疑惑，每个食谱都尽量写得详细。如果你是个烘焙新手，本章将帮你了解食谱背后的烘焙原理。下面是一些能够让食谱发挥最大作用的重要技巧。

1. 在开始烘焙前，仔细地称量出所需的全部原材料。

2. 确保原材料的温度合适，尤其是黄油和鸡蛋。

3. 除非万不得已，不要替换食谱中的原材料或模具。

4. 开始烘焙前，预热烤箱，在模具上涂油或者垫烤盘纸。

5. 如果食谱中包含小苏打或者泡打粉，一定将其与其他干性材料混合后再过筛。

6. 蛋糕糊混合好后，一定要以最快速度送入烤箱。

7. 用计时器定时，试着减少打开烤箱查看的次数，以免烤箱降温。

8. 在把蛋糕和其他糕点挪到晾架上之前，需在模具里或烤盘上静置一小会儿。

称重和测量

本书中的食谱主要用公制计量单位，如克和毫升。对一些量小的材料也用茶匙和汤匙计量。我倾向使用这种计量方式，因为它为我提供了写作的灵活性，同时也保证了读者们在称量时的准确性。用英制的计量单位会有较大误差，用克则不容易混淆。如果你真的希望用磅和盎司做计量单位，那就一直用，不要在一个食谱中既用公制又用英制单位，这种做法通常都会有问题。坚持只用一个可靠的单位换算表。

一套好的称量工具对烘焙来说是非常必要的。我推荐选择显示清楚、有去皮功能（即在称重过程中可以将重量归零以称量新的材料）的电子秤。电子秤的最小刻度间隔要在5克或以下。电子秤非常好用，它可以称干性材料，也可以用来称液体材料，因为1毫升的水、果汁或牛奶的重量约等于1克。我也常用电子秤来称酸奶和白脱牛奶等浓稠的液体材料，因为量杯很难量得精确。正因为此，我选量勺或者量杯时非常挑剔。为了得到准确的测量结果，我只买可以信赖的产品。量少量的液体材料时，用小号量杯，因为大号量杯上的刻度不够精确。

一标准汤匙是15毫升，一标准茶匙是5毫升，三茶匙等于一汤匙。在澳大利亚，一汤匙是20毫升或4茶匙，如果需要请根据这一标准调整分量。除非另外说明，记得一定要把量勺填满后再刮平。

食谱中的鸡蛋用的都是英国标准的中号蛋，带壳重约60克，去壳后大概重50克。如果你手边没有这样大小的鸡蛋，可以根据你的鸡蛋的大小，多打散或者少打散一个鸡蛋，然后记得称一下打散后蛋液的重量，确保食谱中每一个鸡蛋的用量等于50克蛋液。

称量蜜糖等浓稠或者黏稠的液体材料时，可以在挖取液体的勺子上稍稍涂些油。这可以使浓稠的液体材料更容易从勺子上流下来，从而方便称量食谱所需的用量。

蛋糕有很多种制作方法。最常用的方法是打发黄油法（creaming method），常见的例子有磅蛋糕。用融化油脂法（melting method）做出的蛋糕密实而湿润，姜饼即是一例。有些则用麦芬法（muffin method，即基本搅拌法），即把所有的湿性材料搅拌入干性材料中。有些制作方法不太常用，例如把所有原材料用手或工具搓拌在一起，制作司康时会用到；以及打发鸡蛋法，制作瑞士卷所用的海绵蛋糕时会用到这种方法。

打发黄油法

这种制作方法是把黄油和糖混合后充分搅打，直至黄油和糖的混合物颜色变浅，质地变成细腻的奶油状，然后再加入鸡蛋和其他原材料。黄油可以手动打发，但是台式搅拌机（厨师机）或者手持式电动打蛋器的打发效果更好。此外，糖的颗粒越细小，越利于快速打发，使用细幼砂糖会比用普通砂糖效果好。想做出完美的蛋糕，黄油需要提前软化至可以用勺子轻松挖取的状态，但要避免融化（见第18页）。然后加入鸡蛋继续搅打，蛋液应该是室温。如果加入鸡蛋后黄油糊结块了（见第18页），加入一点点面粉可以帮助黄油鸡蛋糊重新变得顺滑。最后把面粉和其他液体材料小心地叠拌进黄油鸡蛋糊中，这样可以避免拌入气泡。除非食谱中另有说明，搅打完毕时面糊的浓稠度应该是：舀起一勺面糊后，轻摇勺子或者抹刀，面糊可以很轻软地滴落进碗里。

我也试过用一种更快速的方法代替打发黄油法，即把黄油和糖打发后，随即一次性加入所有剩余的原料，接着快速打几下使之形成顺滑的面糊。如果你想在需要使用打发黄油时走这条捷径，记得在干性原材料中多加1茶匙泡打粉。

融化油脂法和麦芬法

融化油脂法只需将油脂和糖简单地融化混合，使用这一方法制作蛋糕非常适合初学者学习。需要注意的是，在加入其他原材料前，要确保油脂和糖的溶液已经冷却。用这种方法制作的蛋糕易于保存。

麦芬法就是简单地将所有液体原材料混合拌入干性原材料中。为了确保蛋糕的轻盈口感，千万不要过度搅拌或者烤制太久。

搅拌法

搅拌法通常指用手或者食物处理机把油脂混入面粉，直至混合物看起来像细面包屑一样，再加入液体材料做成面团。这种方法中所使用的黄油必须是冻硬的状态，而且绝不能过度搅拌面团。

打发鸡蛋法

在所有制作蛋糕的方法中，打发鸡蛋法对技巧的要求最高。糕点的轻盈口感完全依赖打发鸡蛋过程中混入的空气，而不是泡打粉等膨松剂。确保使用室温鸡蛋，加糖后持续打发至颜色变浅，质地变浓稠。最后要小心地把干性原材料叠拌入打发的蛋糊中，避免裹入过多空气。

蛋白霜

制作蛋白霜的时候，打蛋盆和打蛋器一定要非常干净。"干性发泡"意味着打发的蛋白可以保持形状，从打蛋盆中提起打蛋器，蛋白的尖角能够直立向上。如果蛋白的尖角弯下或者趴下去了，蛋白就还没有打好。如果蛋白尖角直立向上，或者保持一个僵硬的弧度，那蛋白就打好了。一定要等到蛋白打到干性发泡后再加糖，并且注意不要打发过度（见第19页）。加了糖的蛋白霜在打到干性发泡的状态时，会变得非常浓稠且有珍珠般的光泽，像剃须膏一样。

模具尺寸

烘焙前，尽可能选择食谱中要求的模具尺寸。如果不得已要使用其他尺寸的模具，请记住，方形模具的容量要大于同型号的圆形模具，因此如果用同等深度的方形模具替代圆形模具，方形模具需要比食谱中要求的圆形模具直径小2.5厘米；反之，如果用圆形模具替代方形模具，要选直径比食谱中要求的方形模具大2.5厘米的圆形模具。制作前需要检查模具容量是否和食谱中要求的模具容量相同。标准的20厘米圆形（4.5厘米深）蛋糕模容量约为1升；深一些的23厘米直径圆形活底蛋糕模容量约为2.5升；直径25厘米的圆环蛋糕模容量约为2.8升；23厘米×33厘米方形深烤盘容量约为3.8升；23厘米的方形浅烤盘容量约为1.7升；23厘米×12厘米（或者2磅）侧面微斜的磅蛋糕模容量约为1升。如果不确定模具的容量，就用小一些的模具，将多余的面糊倒掉。不要选择过大的模具。

填入模具的面糊，永远不要超过模具容量的⅔。更换模具后要特别注意检查蛋糕的烘焙状态，因为不同模具的烘焙时间有可能会有些许不同。

如何确定蛋糕是否烤好？

不同的食谱对"烤好"的要求不同。大多数的蛋糕可以通过长木签、牙签，甚至一根意大利细面条来测试是否烤好。木签插入蛋糕中心后拔出，若仅附着一些蛋糕屑或者油迹，则说明已经烤好了。若木签上还有生面糊，则要尽快把蛋糕放回烤箱继续烘烤，然后等5—10分钟后再测试一次。如果蛋糕中间看起来还没有定型或者还是湿的，不需要用木签测试，要赶快关上烤箱门，继续烘烤10—15分钟再测试。有时蛋糕外周烤好了，但中间还是湿润的，碰到这种情况时，用铝箔把蛋糕松松地盖起来，继续烘烤。这样可以避免在蛋糕中心烤熟前把顶部烤焦。

以下这些状况也能够说明蛋糕已经烤好：蛋糕整个膨胀起来，可能有些裂痕，底部已经干燥，蛋糕侧面会轻微回缩与模具分离，表面呈均匀的金黄色。对于那些内部组织黏黏软软的蛋糕（如布朗尼），要用晃动蛋糕的方法来测试是否烤好。蛋糕的表面看起来已经定型，轻轻晃动蛋糕模，蛋糕下部会有轻微晃动。这种晃动应类似果冻，而有别于液体的晃动。

取出蛋糕并放凉

在制作蛋糕时，通常最好的做法是让烤好的蛋糕在模具内降温10—15分钟，再移到晾架上。使用活底模具时，脱模需要用些技巧：用比模具窄且高的器物，例如酱瓶，将模具架起来。然后向下按模具，蛋糕模就会滑落下来。用抹刀可以把紧贴在一起的垫纸和蛋糕模分开。如果不是活底模具，可以用盘子、木板或塑料板等平的东西辅助脱模。用盘子或者板子盖住模具，然后倒扣，使之底面朝上，完成脱模。脱模后拿掉垫纸，将晾架倒过来盖住蛋糕底部，再次翻转，把蛋糕放在晾架上。如果蛋糕的表面比较易碎，翻转蛋糕时要特别小心。用烤盘烤制蛋糕时，脱模的步骤可能需要别人协助。提起蛋糕下面的垫纸，将蛋糕移出烤盘。如果提起垫纸时蛋糕向下滑，需要请帮手同时提起垫纸的另外一边。

完美的糖霜

制作糖霜并不难，多多练习就能让你做得像专业蛋糕师一样完美。见第134页和第160页的食谱中有关于糖霜的建议。请记住，糖霜和镜面淋酱实际上比你想象得浓稠，所以要准确称量液体材料，而且必要的时候可以用加糖的方式使淋酱或糖霜变得浓稠。大多数的蛋糕需要经过冷藏或冷冻，才能开始裱花或淋酱。

切分蛋糕

切海绵蛋糕时要用长且锋利的锯齿刀。切质地密实的蛋糕，例如乳酪蛋糕和布朗尼，要用锋利而没有锯齿的刀。如果你的蛋糕上已经覆盖上了奶油或糖霜，每次下刀前都要用厨房纸把刀擦干净。如果需要横向分层切片，把蛋糕冷冻一下会更好切。客人多时，你需要把大蛋糕切成许多小块，其秘诀是像画格子一样，把整个蛋糕切成2.5厘米×5厘米的长方形小块（剩余的边角料是厨师的小福利）。

保存和冷冻蛋糕

如果用餐柜存放蛋糕，老式的密封铁蛋糕盒是很好的选择。蛋糕一般都要放在凉爽的地方保存，仅在有特别说明的情况下，才放进冰箱冷藏。裱花时使用冷冻过的蛋糕，效果会比使用常温蛋糕更好，也更易保鲜。建议将蛋糕放进大号的密封保鲜袋或保鲜盒，尽可能除去袋中或盒中的空气。大多数蛋糕可以这样冷冻保存一个月。用的时候，提前一晚解冻，然后再裱花或者淋酱。

常见问题

下面列举的一些制作时常见的问题，有些幸运儿可能永远不会遇到。然而事先了解这些问题的成因，可以确保你的制作过程更加顺畅。

瘪瘪的蛋糕

送入烤箱烤前，蛋糕糊放置过久；打发不充分，或者搅拌过于用力；烤箱温度太低；泡打粉或者小苏打过期了。

过度膨胀的蛋糕

蛋糕模具太小；由于称量不正确，造成膨松剂或液体原料放多了，或者面粉放少了。

蛋糕塌陷

过早将蛋糕拿出烤箱。

干硬或烤过头的蛋糕

烤箱温度太高，或者烤得时间过长；蛋糕糊没有达到食谱要求的轻软地滴落进碗里的状态（见第85页）。

有裂纹的蛋糕

就我个人而言，我喜欢把一些蛋糕烤出裂纹，而且经常有意设计一些能烤出裂纹的食谱。如果你本来不想烤出裂纹而蛋糕却裂了，那么通常是因为烤箱温度过高，或模具太小了。

蛋糕出现空洞或大气泡

膨松剂没有与面粉充分过筛混合；送入烤箱前，蛋糕糊放置时间过长。

油酥面团

本书中主要介绍三种制作糕点的面团：可以用作派皮的黄油酥皮；用于烤制泡芙的泡芙面团；用来做小巧的挞和饼干的甜油酥面。大多数糕点面团制作起来简单又省时，使用食物处理机则更加方便快捷，当然也可以直接购买酥皮或者甜面团的半成品。通常情况下，要做出松软酥脆的黄油酥皮，关键在于所用油脂温度够低且质地够硬，操作并不复杂。把油脂和面粉搓拌在一起，直至形似细面包屑。液体材料不能一次放太多，让面团成团即可。面团摸上去是干的，但不能出现裂痕或者碎屑。如果确实有增加液体材料的必要，那一次也只加一茶匙，而且不要过度揉搓面团。前面提到的黄油酥皮和甜油酥面，一定要冷藏使其松弛。这可以避免擀开后面皮回缩，擀开面皮也会变得更轻松。如果面团的状态不好，难以操作，可以尝试冷冻一下再继续。

盲烤（Blind Baking）

盲烤是指把油酥皮在填入馅料前焙烤两次，以避免派皮或挞皮变潮或回缩。第一次焙烤时，用铝箔纸覆盖住冷冻的油酥皮，再用烘焙豆填满（见第14页）。这样可以把烤箱的热量传导到油酥皮上，并帮助油酥皮定型。不用铝箔纸和烘焙豆的话，油酥皮的四周可能会从模具上脱落并产生气泡。第一次焙烤定型后拿掉铝箔纸和烘焙豆，油酥皮还要再烤一次直至完全烤熟。油酥皮烤好后是干燥和浅黄褐色的。是否需要烤成深金黄色，要看不同食谱的要求。黄油酥皮在热的时候很容易碎，需要在模具中冷却后再取出。如果你想趁热吃挞或者派，可以连同模具一起端上桌。

饼干

制作饼干时，在加入面粉后尽量不要过度揉面，因为过度揉面会让饼干变硬。要注意准确称量泡打粉或小苏打的重量。在烤盘上码放饼干坯的时候，要在饼干坯之间保留足够的空间。饼干非常容易烤焦，所以要特别关注烘焙时间。在晾架上彻底放凉之后，才能收入密封容器中。

面包

混合面包粉和液体材料后，赋予面包坚实结构的麸质即开始形成。揉面（见第69页）对于麸质的形成至关重要。不用担心面团太湿或者太黏，这种面团通常可以烤出好面包。我尝试过用快速干酵母来做简便的面包，它可以直接与面粉混合。请确认酵母没有过期，液体材料温度适中。把面团放在温暖、避风的地方发酵，盖上保鲜膜或者茶巾避免表面干燥结皮。面团发至两倍大时，就可以开始给面团整形（如果面团弹性太强，就松弛5分钟），然后进行第二次发酵，时间比第一次发酵要短。轻轻地按压面团的边缘以检查是否发好。如果按下后不回弹，那么面团就发好可以烘焙了。烤好的面包底部是硬实的，轻敲会发出诱人的清脆声响。

储存

油酥面团、饼干和面包也非常适合冷冻，你可以用保存蛋糕的方法来保存它们。未烘焙的油酥面团可以冷藏保存一个星期或者冷冻保存一个月（可以整形后和模具一起冷冻）。小型糕点可以平铺在烤盘上冷冻后，再转移到袋子或者盒子中保存，记得叠放时上层与下层之间用烘焙油纸隔开，并抽掉容器中的空气。冷冻的面包和泡芙在食用前放入烤箱中重新烤几分钟。糕点和饼干则务必在密封容器中保存。

烘焙工具

本书中大多数食谱既可以手工完成也可以借助工具制作，这完全取决于个人偏好，以及手头有什么样的烘焙工具。有工具的话，制作过程当然会变得更简单。所需工具的照片见第14—17页。

手持电动打蛋器

虽然用老式木勺或打蛋器就可以完成大部分烘焙步骤，但手持电动打蛋器的优势不言而喻。它节省时间，打发的效果也好，而且比台式的厨师机便宜很多。

食物处理机和厨师机

厨师机无疑是打发、混合材料以及和面的首选工具。食物处理机特别适合用来做油酥面，因为它能快速地将面粉和油脂混合均匀，而且仅需要少量的液体材料就可以使面成团。配有塑料和面刀配件的食物处理机还可以用来和面。它能简化很多准备工作，例如切碎坚果或搓拌黄油和面粉。

烤箱

烤箱主要有三种类型：传统烤箱、风扇（对流）烤箱和燃气烤箱。传统烤箱从顶部和底部释放热量，风扇烤箱通过风扇从烤箱后部吹送热风加热，燃气烤箱一般只从底部加热。在食谱中，我分别给出三种烤箱各自需要的烘焙温度。你会发现，风扇烤箱的烘焙温度比传统烤箱低20℃。这是因为热空气对流的导热更有效，风扇烤箱烤得更快，也更均匀。以上是标准情况，考虑到读者所用的烤箱各不相同，使用前最好认真阅读说明书，根据说明书调整温度设定。当然，如果你还留着说明书的话。

烤箱的温度和时间设定功能并不完全准确，因此学习如何判断烘焙程度至关重要。此外，还要对食谱上的烘焙时间有概念。要学会使用计时器（本书第9—11页提到的窍门）以及根据不同食谱的具体要求，来判断是否烤好。有时候，你需要在烘焙过程中调转模具，尤其当你在烤箱中一次烤两种东西的时候。调转烤盘时动作要迅速，不要让烤箱散失太多热量，或者让太多冷空气进入烤箱。要了解家中烤箱的特点，有时候上下两层烤架会比中间的烤架热。把面包和派皮放在较热的位置烤，把蛋糕和饼干放在中层烤架烤。

蛋糕模具

选用质量好且重的模具，最理想的模具是浅色的。深色的模具会让蛋糕和其他烘制糕点上色太快，有时候还会缩短烘焙时间。本书提到的大多数模具是指不粘模具。

使用模具的准备工作

给模具铺上烘焙纸有两个原因：它可以帮助蛋糕顺利脱模，同时还能起到保护层的作用，防止蛋糕的边缘被烤过头。我通常先在蛋糕模内侧抹薄薄一层黄油，无须太多，能帮助烘焙纸紧贴在模具上即可。如果赶时间，使用植物油喷雾剂比涂抹黄油效率高。烘焙纸（baking parchment）是一种有硅涂层的不粘纸，是制作大多数食谱时的理想选择。如果你只有油纸，除了给模具涂油，也要在油纸上涂一些油。硅胶垫也是一种不错的选择，不但可重复使用，还可以根据需要裁剪成各种大小和形状。烤司康或面包时不需要垫烘焙纸，在面团下面撒少许面粉即可。麦芬和杯子蛋糕则应放在纸杯模具或者涂过油的不粘模内烤制。

面粉

选用质量好的面粉，因为面粉是大多数烘焙食谱的基础原材料。我一直使用普通面粉加膨松剂（泡打粉或小苏打，或两者混合）来替代自发粉，这可以帮助我更精确地控制蛋糕的膨发。有些蛋糕食谱会用到玉米淀粉，目的在于降低面粉中的蛋白质含量，让蛋糕变得更松软。制作面包时需要使用蛋白质含量高的高筋面包粉，以帮助面包形成坚实的结构。不同面粉的含水量也会不同，因此即使你严格按照食谱来做，有时候面团或者面糊看起来还是很干，此时可以再稍加一点点液体原料。

无麸质烘焙

如果你想用无麸质面粉替代全麦面粉，一定要选用可靠的品牌并按照说明操作。也可能会用到黄原胶（xanthan gum）。

糖和甜味剂

特细砂糖非常适合用于大多数烘焙食谱，因为它可以很快与黄油混合，充分乳化，以制作轻盈的蛋糕，也可以快速溶解在面糊和面团中。不过，如果食谱中没有特别要求，特细砂糖和普通砂糖均可以使用。未经提纯的"赤色"砂糖也很适合烘焙用，但会使成品的颜色稍稍深一些。不要用其他的糖或糖浆替换配方中的蜂蜜或者枫糖浆，因为这会让成品非常不同。

黄油和其他油脂

无盐黄油是烘焙最好的选择，同时我不建议用人造黄油替代天然黄油，这样做会打破食谱中原材料的配比。要注意黄油的使用温度，室温软化的黄油通常用于做蛋糕，冻硬的黄油通常来做油酥面皮。烘焙用的油脂，除非特别说明，要选用没有味道的，例如葵花籽油。

乳制品

本书中的食谱均使用全脂的酸奶、奶油、奶酪和牛奶。高脂厚奶油（double cream，脂肪含量为48%）最适合烘焙用，它既可以打发也可以煮沸。大部分情况下，全脂法式酸奶油（crème fraîche，脂肪含量30%—40%，比常见的美式酸奶油口味要淡）可以和高脂厚奶油相互替换，也可以打发做蛋糕的馅料，或加热后做糖霜或酱。不要煮沸普通淡奶油、酸奶油或者低脂奶油，高温会造成油脂分离。用白脱牛奶（Buttermilk，亦称酪浆，是从牛奶中分离出牛油后剩余的液体，略带酸味）做蛋糕和司康也很好吃，如果你找不到白脱牛奶，可以用其他的原材料来替换（见第31页）。乳制品从冰箱中拿出来就可以直接使用。

鸡蛋

选用新鲜、放养、质量好的中号鸡蛋。如果鸡蛋存放时间较长，可以用来制作蛋白霜或者打发来做蛋糕，这样的蛋打发后体积会比较大。要注意鸡蛋的使用温度：用于加入乳化的黄油，或打发制作蛋糕的必须是室温的鸡蛋，制作油酥面皮则要用冷藏的鸡蛋。

巧克力

就我个人而言，我用可可含量为60%的巧克力做日常烘焙，这种巧克力具有浓郁的味道，而且比可可含量更高的70%巧克力容易操作。不幸的是，这种巧克力很难找。所以，我把相同重量的可可含量分别为50%和70%的巧克力融化在一起，自制可可含量60%的巧克力（见第57页）。融化巧克力时要小心；请耐心地跟着食谱做。

柑橘类水果

当食谱中用到柑橘类水果的果皮碎屑时，要用没有打过蜡的水果来做，或者提前将表皮的蜡用清洁剂洗干净。

烤盘和模具

1. 23厘米波浪边挞盘：用来制作漂亮的挞或派的活底模具，3—4厘米深。

2. 网格晾架：选用尺寸大且不粘的晾架；如果你计划烤很多东西，最好准备两个晾架。

3. 平烤盘：烤盘翘起的一边便于拿握，平的一边则便于把东西从烤盘上滑下去。

4. 23厘米圆形活底锁扣（springform）蛋糕模：适用于乳酪蛋糕，需要切成精巧薄片的大蛋糕和节日蛋糕。

5. 烘焙豆：用于盲烤的陶瓷小球。你也可以用干豆子和大米，但是它们的导热效果没有烘焙豆好。

6. 23厘米派盘：用来制作传统的深盘派。请选用有边的金属派盘，这样可以将派的花边覆在烤盘的边上，必要时还可以加盖子。

7. 20厘米圆形活底海绵蛋糕模：制作夹心蛋糕的理想工具。最好有4.5厘米深，这样烤出来的蛋糕就有足够的高度可以横向分层切片。

8. 20厘米深固底模：可以用来做圣诞蛋糕和其他水果蛋糕。

1-3

4

5-6

7

8

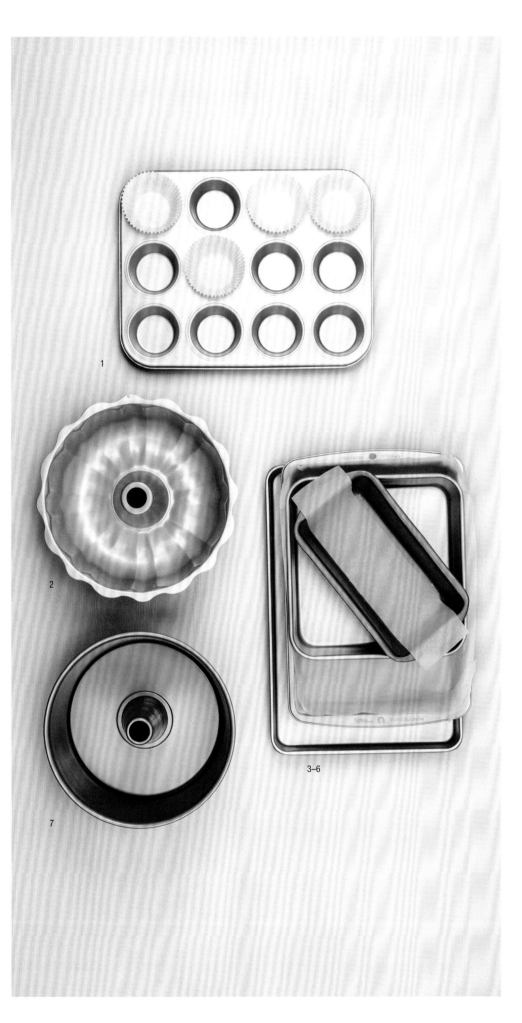

1. 麦芬模和麦芬纸托。

2. 邦特（bundt）蛋糕模：一种造型精致独特的圆环形烤模。热量可以通过模具中间的烟囱传导到蛋糕中心，使蛋糕烤得更快，质地也更为柔软。直径通常为25厘米。

3. 23厘米方形布朗尼模：适合烤各种需要切成条状和片状的蛋糕。

4. 标准"2磅"蛋糕模：模具从顶部内侧量为23厘米×12厘米。我喜欢用侧面微微倾斜的那种，因为如果侧面是垂直的，模具的容量就更大，蛋糕也无法膨胀成理想的形状。

5. 23厘米×33厘米蛋糕模（烧烤盘）：需要烤可以切成小块或者其他小巧形状的大蛋糕时，就用这种模具。

6. 25厘米×37厘米瑞士卷模：要足够宽，也可以用作烤箱托盘。

7. 天使蛋糕模：直径25厘米，侧面又深又直，这可能是唯一一种不能被替换的模具。

设备与用具

1. 食品处理机：用于快速切碎或者预拌原材料。图中的这台搅拌碗直径20厘米，深12厘米，足够用来做蛋糕。

2. 不同大小的搅拌碗：你至少需要一只大碗，大到搅打面糊时不会四处飞溅。耐热玻璃碗是很好的选择，这种碗耐热，可以直接放进微波炉，不用的时候还可以摞起来。

3. 用来搅拌的大金属勺：勺子越大，搅拌的次数越少。金属的质地越好，插入面糊中时越轻松。

4. 粉筛：用中号粉筛筛面粉时，面粉会一点点地通过筛网，筛得更均匀。筛网极细的小粉筛则用来往点心和蛋糕上撒特细砂糖。

5. 橡胶刮刀：要足够柔韧，可以刮净碗中的面糊，边缘窄的刮刀有助于搅拌。

6. 木勺。

7. 打蛋器：金属质地的比塑料的更加耐用，虽然金属打蛋器会磨花一些容器。

8. 手持电动打蛋器：非常好用，当然也可以使用台式厨师机。

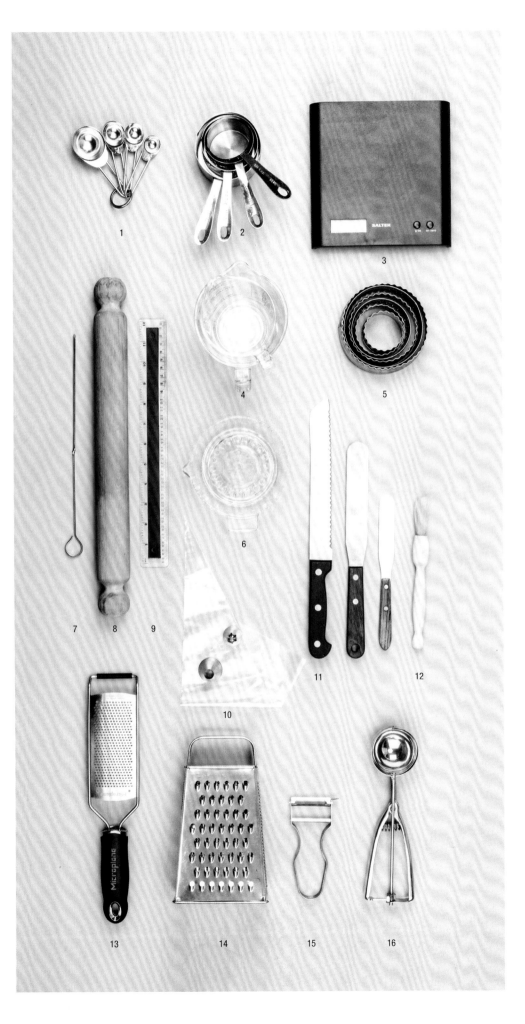

1. 量勺：1汤匙，¼汤匙，½汤匙和1茶匙。

2. 量杯：标准的英制和美制一杯等于250毫升。

3. 厨房秤。

4. 玻璃量杯。

5. 切割模。

6. 榨汁器。

7. 烤肉签。

8. 擀面杖：选笔直的，除去两端把手至少30厘米长。不要选中间有弧度的擀面杖。

9. 尺子。

10. 裱花袋和裱花嘴：一次性裱花袋更方便。

11. 面包刀或长锯齿刀，以及小抹刀和大抹刀。

12. 刷子。

13. 细研磨器。

14. 大研磨器。

15. 削皮刀。

16. 大号冰淇淋勺。

所谓状态

1. 软化的黄油：黄油是软的但没有融化，可以用勺子舀成形或者打发。如果黄油太硬，可以在微波炉里用中火加热十几秒，也可以把黄油切成小块后放在温暖的地方自然软化。如果黄油太软，把它放在碗里放回冰箱冷藏或冷冻几分钟再检查。

2. 乳化：左边碗中的黄油和糖已经搅打在一起，但还没有达到合适的程度。

   右边碗中的黄油已经乳化，质地细滑，颜色变浅，体积膨大。

3. 油水分离：左边的碗中，蛋液被过快地加入到乳化的黄油和糖中，导致混合物油水分离，看起来黏糊糊的且有结块。出现这种状况时，需要在混合物中加入1汤匙面粉。继续加入鸡蛋只能让情况变得更糟糕，油水分离会使蛋糕不能膨胀。

   右边的碗中，没有出现油水分离的现象，鸡蛋和乳化黄油的混合物轻盈而蓬松。

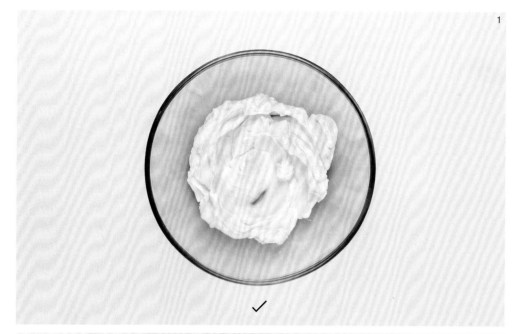

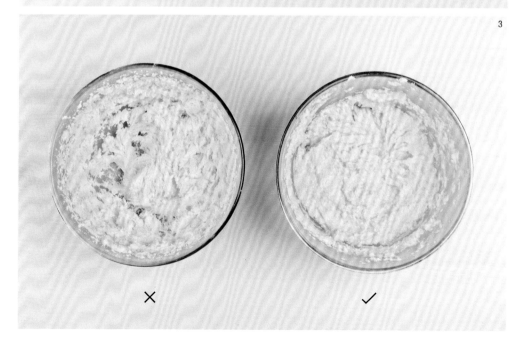

4

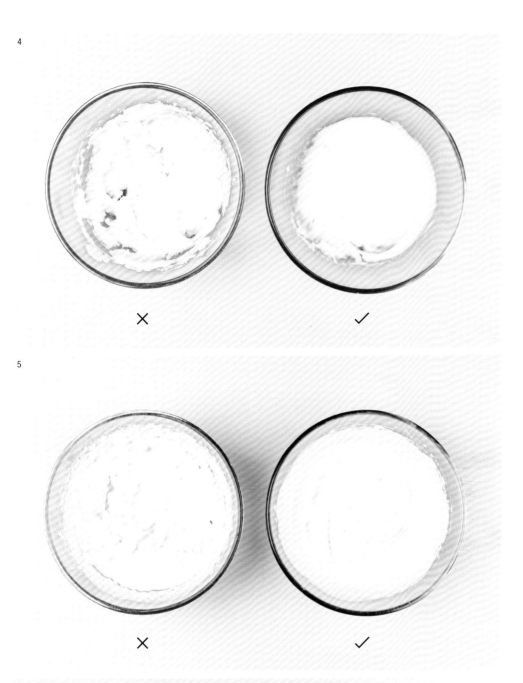

×   ✓

5

×   ✓

6

×

4. 过度打发的蛋白：左边碗中的蛋白在没有加入糖前，就已经被打过头了。蛋白霜看起来干硬且边缘处已经开始破裂。这种状况无法修复，所以打蛋白时一定要当心。

右边碗中的蛋白，是应该停止打发并加入糖来完成蛋白霜的状态。蛋白浓稠且挺实，但不干。

5. 打发的奶油：左边碗中的奶油被过度打发，质地过于浓稠并且出现结块。这种状态的奶油很难涂抹均匀，而且难以和其他材料混合。

右边碗中，是奶油完美打发时的状态，柔软，浓稠。奶油变浓稠后，在裱花或涂抹时可以保持住形状，所以最好只是轻微打发。

6. 煮过头的巧克力：图中的巧克力已经烧焦、浓稠、有颗粒。融化巧克力的时候要当心，一旦烧焦便无法再使用了。

简单家庭烘焙

黄金橘子蛋糕
Golden Citrus Drizzle Cake

准备时间：15分钟
烘焙时间：35分钟
成品：可切成12块方形蛋糕，或制作数量
更多的手指形蛋糕

　　印象中，游园会或者蛋糕义卖活动的糕点台上，橘子口味的蛋糕总是最先卖光。我改成用烧烤盘来制作这种蛋糕，这样便于制作、切分和运输。加入玉米粉或者制作意大利玉米糊用的波伦塔玉米粉（Polenta，一种意大利式粗玉米粉，有时混有大麦粉和豆粉等），是为了让蛋糕内部呈现耀眼的金黄色，你也可以根据自己的喜好用同等重量的普通面粉替换玉米粉。

蛋糕用料

225克软化黄油，额外准备一些用于涂抹烤盘

2个柠檬

2个酸橙

1个橘子或柑橘，外皮完整

200克特细砂糖

4个鸡蛋，室温

125克普通面粉

125克细玉米粉或者波伦塔玉米粉

¼茶匙盐

2茶匙泡打粉

125克柠檬味或原味全脂酸奶

顶部糖霜用料

100克特细砂糖或砂糖，增加脆的口感

1

预热烤箱到180℃（风扇烤箱140℃，燃气烤箱4挡）。用23厘米方形浅模具，涂油并垫烘焙纸。原料中柠檬、酸橙和橘子的皮擦磨成碎屑，注意不要磨到表皮下面白色微苦的部分。取2茶匙混合的碎屑，加入放有黄油和糖的大碗中，放到一旁待用。

酷爱柠檬或酸橙？

做柠檬或者酸橙蛋糕的话，只需使用其中一种水果的皮和果汁即可（需要4茶匙果皮碎屑和80毫升果汁）。我个人觉得单用橙子和橘子口味过甜，所以加一些柠檬果汁和果皮碎屑来调整口感。

2

用电动打蛋器搅打黄油和糖直至顺滑，颜色变浅。不时用刮刀刮净碗的四周，确保所有黄油和糖都充分混合。

3

把鸡蛋打入量杯中（这样做可以将鸡蛋逐一从量杯中倒出，比时不时放下打蛋器再把鸡蛋打入碗中简便）。向碗中倒入一个鸡蛋，用电动打蛋器将其打入乳化的黄油中直至完全混合，且打发至蓬松轻盈。重复以上方法，将剩下的鸡蛋逐次加入，直到完全混合。如果混合物变得黏稠，加入1汤匙面粉可以改善，使之顺滑。

分量加大

要做一个烧烤盘大小（23厘米×33厘米）的蛋糕，首先要给模具涂油并垫上烘焙纸，然后把食谱中原材料的用量都翻一倍。用180℃（风扇烤箱160℃／燃气烤箱4挡）烤25分钟。如果用竹签帮助测试，要烤至竹签可以干净地拔出来。别忘记把果皮碎屑的用量也加倍。

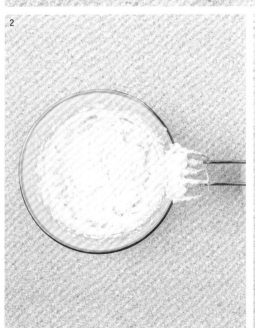

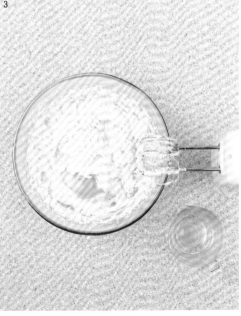

4

把面粉、玉米粉或波伦塔粉、盐和泡打粉等干性材料充分混合，先将一半的干性材料筛入鸡蛋黄油混合物中，用刮刀或大金属勺将它们叠拌均匀直至面糊变得浓稠并大致顺滑。

5

用同样的办法叠拌入酸奶，然后筛入剩下的一半干性材料。将面糊倒入准备好的蛋糕模中，抹平表面，在工作台上猛敲一下模具，震出多余的气泡。放入烤箱烤20分钟，待整个蛋糕变为金黄色且均匀膨胀起来，将烤箱降温至160℃（风扇烤箱140℃／燃气烤箱3挡）。如果蛋糕表面上色不均匀，则需要快速小心地调转模具的方向。而后再烤15分钟，直至按压蛋糕表面感觉质地很硬实。也可以用竹签帮助测试（见第32页）。把蛋糕连模具移到晾架上，让蛋糕留在模具内冷却几分钟。

6

蛋糕冷却的同时，将一个柠檬、一个酸橙和半个橘子榨成果汁，大约80毫升。用细竹签或者小牙签在蛋糕上扎20个左右的小洞。把糖霜用料中的糖和果汁混合（不要让糖溶解），用勺子淋在仍然温热的蛋糕表面上，确保糖浆均匀且厚实地覆盖在蛋糕上。

7

静置蛋糕直至完全冷却。待糖浆彻底被蛋糕吸收后，蛋糕表面的糖会呈现光亮酥脆的质感。这时将蛋糕切成小块就可以吃了。如果想留到第二天再吃，要用较大的容器存放，切勿包得过紧。给蛋糕留些空气呼吸，糖衣才能保持脆度。

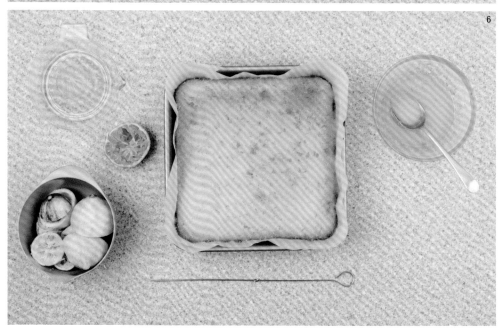

水果杯子蛋糕
Fruity Cupcakes

准备时间：10分钟
烘焙时间：18—20分钟
成品：12个普通尺寸杯子蛋糕，或24个
迷你杯子蛋糕

　　没有哪个小孩不喜欢做杯子蛋糕。
但是杯子蛋糕吃起来（尤其对于大人）
往往没有制作过程那么美妙。为了改善
口感，这个食谱中用了大量的牛奶，使
蛋糕更松软湿润，口感更好一些。如果
你想要改变口味，浇在蛋糕上的水果淋
酱可以用本书中任何一款糖霜来替代。

蛋糕用料

110克软化的黄油

150克特细砂糖

185克中筋面粉

1汤匙玉米粉

1½茶匙泡打粉

¼茶匙盐

2个鸡蛋，室温

½茶匙香草精

120毫升牛奶

水果淋酱用料

约65克浆果（新鲜、冷冻或者解冻的
均可）或2个大个熟透的百香果

125—150克糖粉

1

　　预热烤箱到180℃（风扇烤箱140℃，燃气烤箱4挡）。在12连麦芬模中垫好纸杯。将黄油和糖混合，搅打至顺滑且颜色变浅。可以用手持电动打蛋器来打，如果与小孩子一起操作，用木勺搅打也可以。

2

　　另找一个小一些的碗，将面粉、玉米粉、泡打粉和盐等干性材料混合后，把一半的量筛入乳化的黄油和糖混合物中。再加入鸡蛋、香草精和一半的牛奶。

3

　　将上述材料搅打混合，开始用低速，直至混合物变得顺滑。然后依次加入剩余的干性材料混合物和牛奶。为了使面糊均匀柔软，添加面粉后要搅打几下再加入牛奶，然后继续搅打。加入牛奶后，面糊出现轻微油水分离的现象也不需要担心。把面糊舀到准备好的麦芬模中，尽量让每个模具中的面糊的量都一样。

做迷你杯子蛋糕

　　如果你愿意，可以用较浅的模具和小纸模来烤迷你杯子蛋糕，食谱中的面糊量可以烤24个。烤制15分钟，直到蛋糕膨大，表面金黄。

4

放入烤箱烘烤18—20分钟，直至蛋糕膨胀起来，表面呈金黄色，用竹签插入蛋糕中再拔出，竹签表面干净不带出任何面糊。烤制过程中，如果蛋糕上色不均匀，将模具转动180°再继续烤。烤好后，让蛋糕在模具中冷却5分钟，再转移到晾架上。

5

制作浆果淋酱时，用叉子的背面在碗中将浆果压成果泥。筛入糖粉，搅拌混合均匀。如果用百香果制作淋酱，则需要把百香果的籽和果肉舀出来（大概需要4汤匙），再和筛过的糖粉混合。如果淋酱看上去水太多，就再加些糖粉（糖的用量需视水果品种及其出汁率的不同而定）。用勺子舀起淋酱浇到蛋糕上，让淋酱定型。

6

蛋糕最好在淋酱定型后马上享用，当然也可以放在密封容器中保存几天。没有装饰的蛋糕可以冷冻保存一个月，解冻后再加以装饰。

蝴蝶杯子蛋糕

蝴蝶形状的杯子蛋糕做点缀，下午茶时光会更精致。用一把小锯齿刀切下杯子蛋糕的顶部，再将蛋糕自上至下一切为二，形成两个半圆形。参考第46页的食谱做一些奶油霜。取一些奶油霜放在每个杯子蛋糕顶上，把"翅膀"以一定角度插入奶油霜中，金色的一面朝上，两片圆边相对。撒一些果酱或柠檬霜做装饰，再撒上糖粉就可以吃了。也可以用打发的甜奶油替代奶油霜。

白脱牛奶磅蛋糕
Buttermilk Pound Cake

准备时间：15分钟
烘焙时间：50—55分钟
成品：可以切成8—10片

磅蛋糕貌不惊人，不比其他别致的款式，但是它有一种淳朴、可靠的美。磅蛋糕适合任何一种场合，它可以单独吃，也可以搭配口感绵软的水果和奶油，浇上厚厚一层的柠檬糖霜再搭配咖啡也是绝佳的选择。如果想制作更多口味的磅蛋糕，请参考第32页的食谱。

175克软化的黄油，额外准备一些用于涂抹模具

175克特细砂糖

3个鸡蛋，室温

1茶匙香草精

225克中筋面粉

½茶匙小苏打

½茶匙泡打粉

¼茶匙盐

120克白脱牛奶（或参见第31页"小贴士"）

1汤匙糖粉（可选）

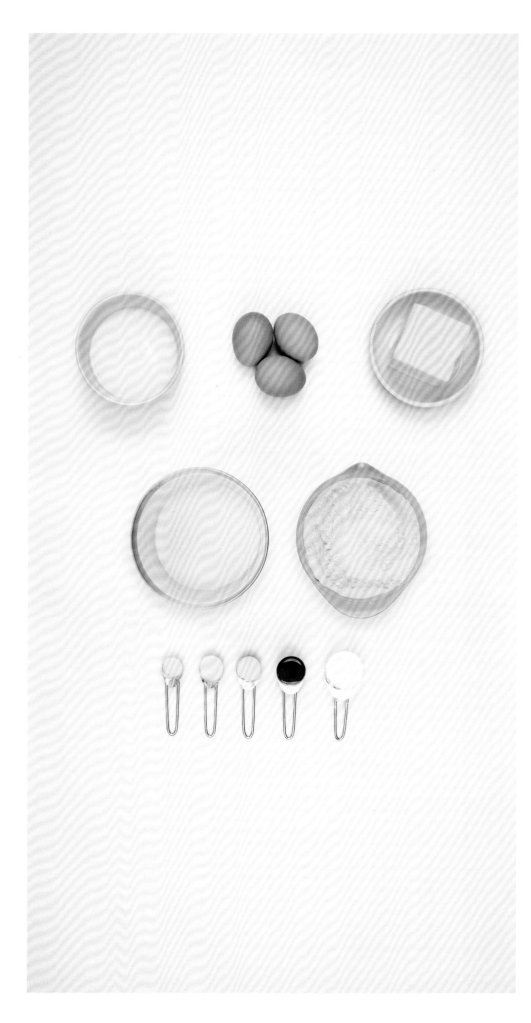

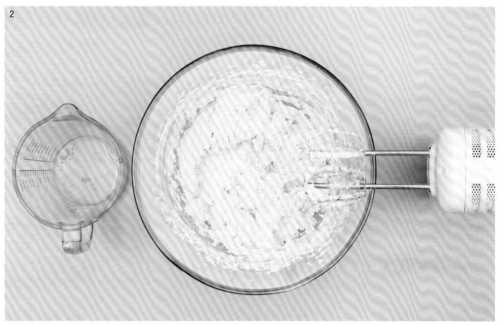

1

取一只23厘米×12厘米的磅蛋糕模，内侧涂少许黄油，然后铺上烘焙纸。准备两张烘焙纸，分别根据模具的长和宽剪成窄长和较宽的形状，十字交叉铺入模具，尺寸要足以覆盖并超出模具的边缘，以便烤好后可以轻松地把蛋糕提出来（如图4所示）。烤箱预热180℃（风扇烤箱160℃／燃气烤箱4挡）。用电动打蛋器搅打黄油和糖直至顺滑且颜色变浅。用刮刀不时刮下碗边的黄油，以确保所有的原材料充分混合。

2

把鸡蛋打入量杯中，用叉子打散。向黄油和糖的混合物中加入约2汤匙蛋液，用电动打蛋器搅打直至蛋液充分混合，混合物变成轻盈的羽毛状且颜色变浅。重复以上步骤，每次只加入少量的蛋液，直至加完所有蛋液。如果混合物开始变得黏稠并出现结块，加入1汤匙面粉使其恢复顺滑状态。然后加入香草精。

3

混合包括面粉、小苏打、泡打粉和盐在内的干性材料，将一半的量筛入鸡蛋混合物中，用大金属勺或者刮刀叠拌。再加入白脱牛奶叠拌，然后按上述步骤加入剩余的面粉，最终形成顺滑但浓稠的面糊。

没有白脱牛奶怎么办？

这款蛋糕也可用牛奶来做。称量出120毫升牛奶，舀出2汤匙牛奶，替换入等量的柠檬汁。让牛奶和柠檬汁的混合物静置几分钟，直到混合物变稠就可以用了。

4

面糊舀入模具中，轻轻抹平表面。

5

放入烤箱烤30分钟，待蛋糕膨胀且中间产生裂痕，将烤箱温度降为160℃（风扇烤箱140℃／燃气烤箱3挡）继续烘焙20—25分钟，再以竹签测试是否烤好。让蛋糕在模具中冷却15分钟，提起烘焙纸将蛋糕脱模，置于晾架上继续冷却。

竹签测试

将竹签插入海绵蛋糕的中心，如果蛋糕烤制充分，拔出来时应是干净的（也许上面会有些油迹），或者有些许蛋糕屑附在上面。如果竹签上留有生面糊，蛋糕就还没有烤好，应该继续烘烤5—10分钟再用竹签测试一次。

6

蛋糕彻底冷却后，撕掉烘焙纸。把糖粉筛在蛋糕表面上，或者尝试下面"小贴士"中给出的装饰方法。磅蛋糕最好在当天食用，但也可以放入密封容器短期冷藏保存，冷冻（未加糖粉前）可保存一个月。

柠檬蛋糕
Lemon Cake

在步骤2中，加入1个柠檬的果皮碎屑，把香草精减少到½茶匙。在100克筛过的糖粉中加入3½茶匙柠檬汁，混合均匀，淋在冷却的蛋糕上，静置直到糖霜定型。

橘皮果酱蛋糕
Sticky Marmalade Cake

在面糊中加入橙皮碎屑。把4汤匙橘皮果酱（marmalade）和1汤匙橘子汁或水混合加热，刷在仍然温热的蛋糕上。

经典小茴香籽蛋糕
Classic Seed Cake

在干燥的热烤盘中烘烤1茶匙小茴香籽（Caraway seeds，即葛缕子籽），直到散发出香气。把烤香的小茴香籽拌入蛋糕糊中，再按上述食谱中的步骤烘焙。

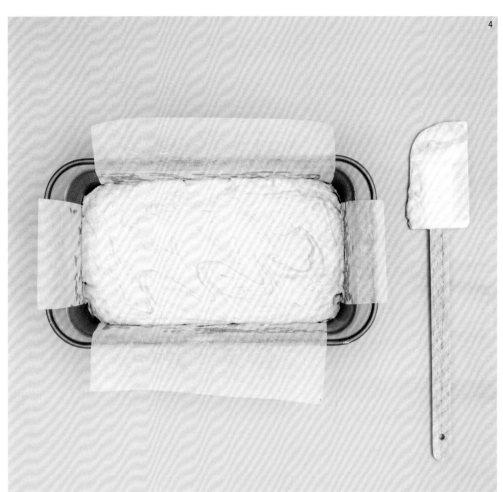

花生酱饼干
Peanut Butter Cookies

准备时间：15分钟
烘焙时间：10—12分钟一烤盘
成品：24块

    这款饼干是我心目中完美的花生酱饼干。它的内心微软、外层松脆，咸甜的味道让人欲罢不能。像大多数家庭制作的饼干一样，这款饼干也最好在制作当天食用。如果需要，可以参考下一页有关如何提前准备饼干的"小贴士"。

140克原味烘焙花生

250克中筋面粉

½茶匙泡打粉

80克黄糖

80克特细砂糖

½茶匙盐

140克黄油，室温

100克花生酱

1个鸡蛋

2汤匙蜂蜜

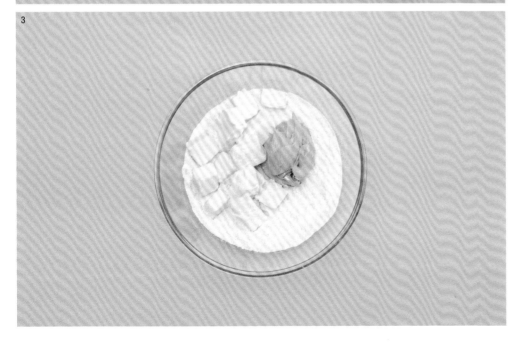

1

　　烤箱预热180℃（风扇烤箱160℃／燃气烤箱4挡）。把花生铺在烤盘上，烤大约8分钟，直至花生呈浅金黄色。如果时间紧，烤花生的步骤可以省略，但是烘烤过的花生可以为饼干增添更加浓郁的坚果风味。

找不到原味花生怎么办？

　　你可以用盐焗花生（作为零食的那种）来做。直接从步骤2开始做，同时把食谱中盐的用量从½茶匙盐减少为一小撮。

2

　　花生用刀切碎，或者用食物处理机打碎。切碎的程度可以按个人喜好调整，我喜欢切得粗一些。

3

　　把包括面粉、泡打粉、糖和盐的干性材料放入大碗中混合。黄油切成小方块，与花生酱一起放入碗中。

4

用手指把花生酱和黄油搓拌入干性原料中。具体做法是，用两只手从碗中捏起一些黄油、花生酱和面粉。一边轻柔地把黄油、花生酱和面粉捏在一起，一边让它们落回碗中。持续搓拌，直到混合物最终变成像细面包屑一样的状态。也可借助食物处理机完成搓拌。把鸡蛋打散。在面粉混合物中加入⅔量的花生碎，然后再加入鸡蛋和蜂蜜。

5

用餐刀或者木勺把所有原料混合在一起，面团会非常黏。不要过度搅拌，过度搅拌后烤出来的饼干会变硬。

如何提前做准备

预先制作面团，然后分成两块，分别揉成直径为7.5厘米的圆柱形，在表面滚满花生碎（花生碎切得小一些），然后用食品保鲜膜紧紧地包裹起来，放在冰箱中冷藏或冷冻。烤制前从冰箱取出解冻，切片后放进烤箱中烘烤即可。

6

两个烤盘分别铺上烘焙纸。取一块核桃大小的面团，在两手掌间揉圆揉光滑。揉好的小球放在剩下的花生碎上，向下按扁呈圆饼状。把有花生的一面向上放在烤盘上，然后重复以上方法直至铺满一个烤盘。饼干坯之间要留出充足的空间。

7

放入烤箱烘烤10—12分钟（冷冻的面团需要烤13分钟），直至饼干呈均匀的金黄色。在烤第一盘饼干的同时，继续按上一步骤将面团揉圆、按扁，准备第二盘饼干。饼干烤好后，在烤盘上冷却几分钟，再转移到晾架上彻底冷却。放入密封容器中保存，最好在3天内食用完毕。

瑞士卷
Favourite Swiss Roll

准备时间：15分钟
烘焙时间：10分钟
成品：10块

　　记忆中第一次和妈妈一起玩烘培，做的就是瑞士卷，大概是因为它制作简单，而且不需要任何特殊原材料。瑞士卷制作步骤较多，却仍是一款简单的蛋糕。不仅如此，在撰写本书的过程中，我愈加发现瑞士卷是最受我的朋友和家人喜爱的一款蛋糕。

蛋糕用料

50克黄油，额外准备一些以涂抹模具

3汤匙牛奶

4个鸡蛋，室温

150克特细砂糖

1汤匙玉米淀粉

125克中筋面粉

¼茶匙盐

内馅用料

4汤匙特细砂糖

250克覆盆子果酱或果冻

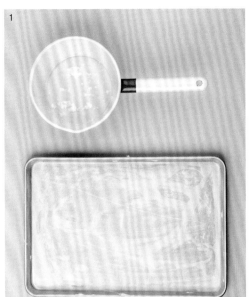

1

    用25厘米×37厘米（或差不多大小）的瑞士卷模或者有边框的烤盘，在蛋糕模内侧的底部和四周略多涂一些黄油，然后铺上烘焙纸。烤箱预热200℃（风扇烤箱180℃／燃气烤箱6挡）。牛奶和黄油放入小锅中混合并稍稍加热，黄油融化后放在一边备用（牛奶和黄油需要保持温热）。

2

    把鸡蛋和糖放入大碗中，用电动打蛋器中速搅打。打发至体积增大1倍，呈浓稠的慕斯状——大约需要5分钟。

3

    玉米淀粉、面粉和盐搅拌在一起，筛入盛有打发鸡蛋的碗中。用大金属勺或者刮刀叠拌均匀，面粉要以切入再提起的方式拌入打发的鸡蛋中，不要以画圆的方式搅拌。这种方法可以防止拌入过多气泡，确保蛋糕轻盈柔软。

4

    将温热的黄油和牛奶沿碗的边缘倒入面糊中。用大勺或者刮刀叠拌均匀。液体原料可能会沉在碗底，所以要一直拌到混合均匀，搅拌时尽量避免消泡。

5

    将蛋糕糊轻轻倒入蛋糕模中，慢慢转动蛋糕模，让蛋糕糊流向模具的各个角落。如表面仍不均匀，用刮刀轻轻将蛋糕糊抹平。即使蛋糕糊中还能看到面粉或者黄油的痕迹，也不需要担心，稍稍搅匀即可。蛋糕糊会填满整个蛋糕模，但不会在烘烤时溢出来，所以不用担心。

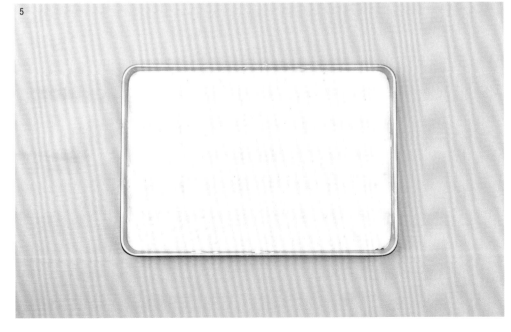

6

　　放入烤箱烤10分钟，直至蛋糕变成金黄色，膨胀均匀，蛋糕边缘微微收缩，与蛋糕模分离。烘烤蛋糕的同时，准备一大张烘焙纸，撒上2汤匙糖。蛋糕烤好后，用抹刀将蛋糕四周与模具彻底划开，然后把剩下的糖撒在蛋糕表面上。

7

　　把蛋糕倒扣在撒了糖的烘焙纸上。小心地撕掉之前铺在模具里的烘焙纸。用锯齿刀把蛋糕的四边各切掉大约1厘米。在靠近自己的比较短的一边上，用刀在距离边缘大约2.5厘米处划一道线，不要切断。这样蛋糕会更容易卷。

8

　　趁蛋糕还热的时候，从较短的一边开始卷，衬在蛋糕下面的撒有糖的烘焙纸要与蛋糕一同卷起。卷起时动作要轻缓，切勿着急，即使蛋糕出现裂痕也不需要担心。

9

　　蛋糕卷好后，用一块干净的毛巾盖起来，静置直到蛋糕摸起来变成温热的。

10

　　把蛋糕卷打开、铺平，涂抹果酱。再次卷起蛋糕，用一只手卷起蛋糕，另一只手提起蛋糕下面的烘焙纸。这样会帮助你把蛋糕卷得更紧。

用奶油做内馅？

　　如果用打发的奶油（见第48页）或者奶油霜做内馅，必须等蛋糕冷却后再填馅。打发的奶油可以直接抹在果酱上面。用奶油霜的话，要先在蛋糕上抹一层奶油霜，再抹果酱。

11

　　用盘子盛起蛋糕时，开口应向下。瑞士卷在制作当天食用最佳。

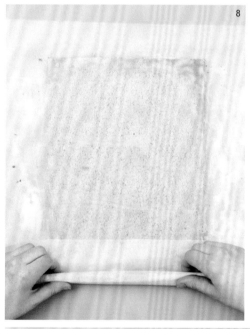
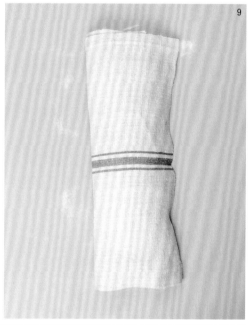

糖衣姜糖饼干
Iced Gingerbread Cookies

准备时间：20分钟，定型时间另计
烘焙时间：9—11分钟一盘
成品：14块姜饼人，或者24块其他形状的
小饼干

　　姜糖饼干是休闲时刻和孩子们一起
做烘焙的完美选择，因为这种饼干的面
团经得起反复揉捏，也不会变硬。饼干
中香料的味道也可以满足大人的味蕾。
如果喜欢颜色较深的姜糖饼干，或者苦
中带甜的口味，只需将配料中的金黄糖
浆替换为黑糖糖浆即可。

饼干用料

110克黄油，额外准备一些以涂抹模具

200克黑糖

110克金黄糖浆

1个鸡蛋

350克中筋面粉，额外准备一些擀面团
时用

1茶匙小苏打

1汤匙姜粉

2茶匙肉桂粉

¼茶匙盐

装饰用料

1个鸡蛋，或2—3汤匙柠檬汁（参见
"小贴士"）

200克糖粉

糖粒或装饰彩糖（可选）

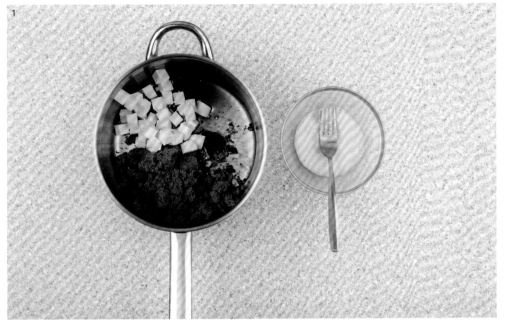

1

　　将黄油、糖和糖浆放入一只平底锅中，稍稍加热直至黄油融化即可。打散鸡蛋。

2

　　将黄油和糖的混合物冷却5分钟，然后加入打散的鸡蛋，混合均匀。把面粉、小苏打、姜粉、肉桂粉和盐混合在一起，筛入平底锅中。充分搅拌直至形成有光泽的面团。

3

　　将面团倒在工作台上，分成两份，然后简单揉几下，揉成两个光滑的球形。再分别压扁，用保鲜膜包好，放在冰箱中冷藏直至变硬（通常需要两个小时，你可以把面团放在冰箱中过夜）。

4

　　准备烘烤之前，取两个烤盘抹上一些黄油再铺上烘焙纸。烤箱预热180℃（风扇烤箱160℃／燃气烤箱4挡）。在工作台上稍稍撒些面粉，用擀面杖把面团擀成3毫米厚的饼状。用饼干模具切出想要的形状，然后小心地将饼干坯拿起并放到铺好烘焙纸的烤盘上，每块饼干坯间要留出充足的空间。剩下的面团和边角料可以捏在一起，擀开后继续用。饼干模具内侧粘些面粉，切出的饼干边缘会很干净整齐。

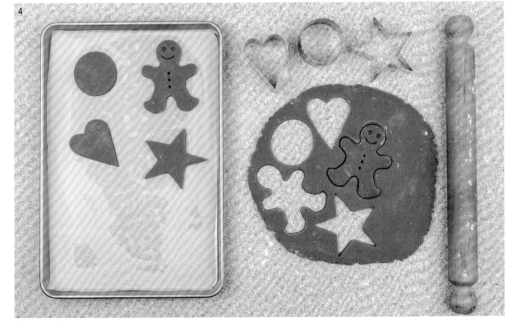

5

如果想要饼干软一些，只需烘烤9分钟，直至饼干呈均匀的金黄色（饼干在烤箱中会膨胀一点点，然后向四周扩展）。如果想要饼干脆一些，烘烤时间需增加至11分钟，烤到饼干的颜色更深一些。从烤箱中取出后在烤盘上冷却5分钟，再转移到晾架上彻底晾凉。用过的烤盘还可以用来烘烤剩下的面团。

做成圣诞树装饰

如果想把姜糖饼干做成圣诞树上的装饰品，用塑料吸管、小号裱花嘴，或筷子等一端较尖的工具在烤好的饼干上戳个洞（要趁饼干还是热的时候）。处理热的饼干时一定要当心。待饼干冷却后，就可以系上丝带挂在圣诞树上。

6

制作装饰糖霜，要将鸡蛋的蛋白和蛋黄分开（见第127页），把蛋白放入一只干净的大碗中。糖粉筛入碗中，先慢慢把糖粉和蛋白搅匀，再充分搅打均匀直至顺滑。装饰糖霜可以用勺子舀起淋在饼干上；也可以舀入一次性裱花袋或食品袋中，剪掉一个小角，在饼干上画出图案。还可以在上面撒糖粒或装饰糖针做装饰。

蛋白糖霜（Royal Icing，亦称皇家糖霜）

用蛋白制作的糖霜常被称为皇家糖霜。这种糖霜颜色洁白，定型后非常坚硬。你可以用市售的巴氏消毒蛋白制作蛋白糖霜，如果你担心用生鸡蛋不安全，也可以用柠檬汁来替代蛋白。先放2汤匙柠檬汁，如果需要更多，再一点点地添加。

7

让糖霜定型约1小时，直到它们变得坚硬且干燥，此时才可食用、做圣诞装饰或密封保存。

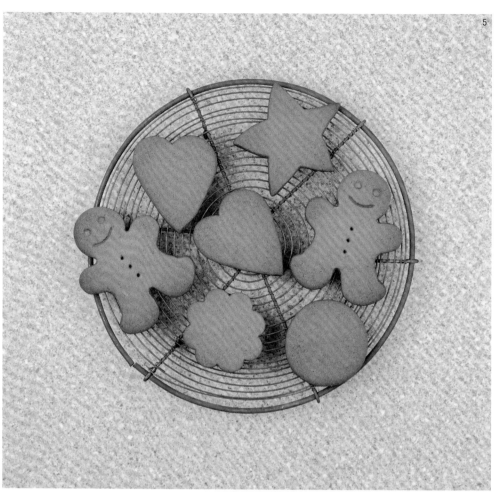

维多利亚三明治蛋糕
Victoria Sandwich

准备时间：30分钟
烘焙时间：25分钟
成品：12块

　　维多利亚三明治蛋糕因受到维多利亚女王的喜爱而得名，简单而又特别，很适合在家里制作。这款食谱在经典英式风格中加入了一些美国风味，蛋糕层厚而精巧，可以常温保存3天，当然也可以冷冻保存。

蛋糕用料

225克软化的黄油，额外准备一些以涂抹模具

300克特细砂糖

5个鸡蛋，室温

285克中筋面粉

2汤匙玉米淀粉

1汤匙泡打粉

¼茶匙盐

120毫升牛奶，室温

1茶匙香草膏或香草精

2汤匙植物油

奶油霜内馅用料

100克软化的黄油

150克糖粉，额外准备一些以装饰表面

1茶匙香草膏或香草精

1茶匙牛奶（如果需要）

150克草莓果酱

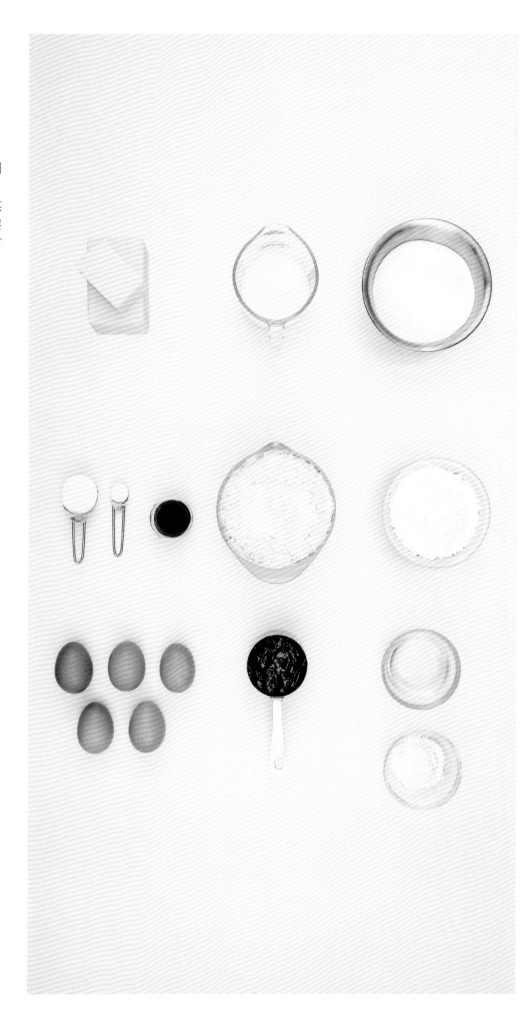

1

    烤箱预热180℃（风扇烤箱160℃／燃气烤箱4挡）。预备两个直径为20厘米的活底海绵蛋糕模，模具内侧涂少许黄油，底部铺上圆形烘焙纸。把黄油和糖放入大碗中，用电动打蛋器搅打至混合物呈奶油状且颜色变浅。

2

    所有鸡蛋打入量杯中。先将一个鸡蛋倒入已经乳化的黄油和糖的混合物中，继续搅打直至混合物变得蓬松轻盈。重复此步骤，逐一加入剩下的鸡蛋。如果混合物出现结块，加入1汤匙面粉即可。

3

    将面粉、玉米粉、泡打粉和盐在一个碗中混合。牛奶、香草精和植物油倒入刚刚放鸡蛋的量杯中（这样可以少洗一个碗）。将一半的面粉混合物筛入盛有鸡蛋黄油混合物的碗中，用刮刀或大金属勺将牛奶混合物和面粉一起叠拌入黄油混合物中。然后加入剩下的另一半面粉，继续叠拌直至形成浓稠光滑的面糊。用刮刀舀起面糊后轻轻摇动，面糊应从刮刀上滴落（而非向下流淌）。如果面糊粘在刮刀上，则说明面糊过干，需要再加1汤匙牛奶。

快手模式

    如果你想快些做好蛋糕，先要如步骤1所示乳化黄油和糖，再加入其余所有的原材料，多加1茶匙泡打粉，用电动打蛋器将所有材料混合均匀，待面糊变成光滑的奶油状立即停止搅打，不要过度搅拌。这种方式做出的蛋糕，蛋糕组织会略显粗糙，也不会膨胀得那么高，但是如果你很赶时间，可以尝试这种方法。

4

面糊倒入准备好的两个蛋糕模中，抹平表面。为了使烤好的蛋糕高度相同，尽量确保每个蛋糕模中的面糊一样多。

5

烘烤25分钟，直至蛋糕变为金黄色且充分膨胀，按压表面时能够回弹。竹签插入蛋糕中心后再拔出，竹签表面干净无面糊。如果蛋糕上色不均匀，可以在烘烤15分钟后，或蛋糕充分膨胀表面已经干燥后，转动蛋糕模。转动蛋糕模时动作要快，以防止烤箱中的热量散失。烤好后让蛋糕留在模具中冷却10分钟再脱模。我通常会把蛋糕倒扣在晾架上，撕掉底部的烘焙纸后，再把它们翻过来。

6

制作奶油霜内馅。黄油要搅打到非常柔软。筛入糖粉，加入香草精，然后用打蛋器以低速慢慢搅拌，看不到糖粉后再改用较快速度搅打，直至混合物变成光滑、颜色变浅的奶油状。如果奶油霜看起来很硬，就加入1茶匙牛奶。

7

将一个海绵蛋糕放到盘子上，在表面抹上奶油霜。奶油霜上再抹些果酱。

8

将另一个海绵蛋糕叠放在第一个蛋糕上面，然后在表面筛一些糖粉。

用打发的奶油做馅

250毫升高脂厚奶油中加入1茶匙香草精和1—2汤匙糖粉（也可以依照个人口味调整糖的用量）打发，打到奶油变得浓稠但没有变硬。在蛋糕上先涂抹果酱，然后再抹奶油。

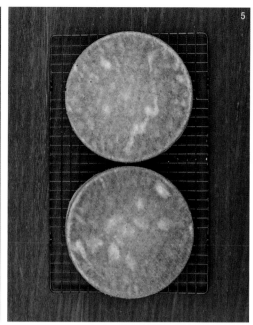

巧克力坚果香蕉面包
Chocolate & Nut
Banana Bread

准备时间：10分钟
烘焙时间：大约1小时10分钟
成品：10块

　　有了这个简单方便的香蕉面包食谱，你就不需要再为家里那些长满黑点熟透的香蕉发愁了。只需捣碎、搅拌和烘烤几个简单的步骤，你就可以在早餐或者下午茶享用它了。

110克黄油

3个中等大小、完全熟透的香蕉（捣碎后的果泥重250—300克）

2个鸡蛋

110克枫糖浆

85克特细砂糖

250克中筋面粉

¼茶匙盐

2茶匙泡打粉

85克核桃碎

60克黑巧克力豆（或切碎的黑巧克力）

1

烤箱预热160℃（风扇烤箱140℃／燃气烤箱3挡）。取一个23厘米×12厘米的磅蛋糕模，内侧涂少许黄油，在蛋糕模内部铺一张长方形的烘焙纸，需覆盖住模具底部及两个窄边。黄油在平底锅中融化。用叉子将香蕉在大碗中捣碎成泥，越顺滑越好。

2

把融化的黄油倒入香蕉中，然后加入鸡蛋和枫糖浆。用叉子搅拌直至混合均匀。另取一个碗混合糖、面粉、盐和泡打粉，然后将它们筛入香蕉混合物中。用刮刀将面粉和香蕉泥混合成为顺滑的蛋糕糊。再加入大部分的核桃和巧克力豆，保留一小部分装饰蛋糕表面。将蛋糕糊倒入蛋糕模中，再撒上余下的核桃和巧克力豆。

3

烘烤1小时10分钟，直至蛋糕颜色金黄且完全膨胀。将竹签插入蛋糕中心再拔出，表面干净或带有一点点蛋糕屑。烘烤的时间会随香蕉的成熟度不同而变化，成熟度越高的香蕉做出的蛋糕糊会越稀，烘烤时间也需相应加长。蛋糕烤好后在模具中冷却约15分钟再移至晾架上。蛋糕温热的时候就可以吃了，完全放凉再吃也可以。食用前切成厚片，还可以依个人口味涂抹黄油。

易于保存

这款蛋糕可以在密封容器中保存5天，也可以冷冻保存。如果想让保存了几天的蛋糕恢复刚烤好时的美味，可以切片后用吐司炉烤一烤，也可以放在烤箱或微波炉里稍微加热一下。

柠檬葡萄干煎饼
Lemon & Raisin Pancakes

准备时间：5分钟

制作时间：15分钟

成品：带葡萄干的大约16块，不带葡萄干的大约12块

　　煎饼、班戟、松饼——无论怎么叫，都不影响这款膨松的点心成为可以全天享用的快手美食：作为早餐、早午餐或给放学回家饥肠辘辘的孩子们垫肚子都非常适宜。我喜欢柠檬加葡萄干口味的，但是原味面糊制作的煎饼也很好吃，可以配蓝莓或者叠在盘子里浇上枫糖浆和煎脆的培根一起吃。

175克中筋面粉

1½茶匙泡打粉

½茶匙小苏打

2汤匙糖

¼茶匙盐

1个柠檬

250克白脱牛奶（或参见第53页"小贴士"）

2汤匙牛奶

1茶匙香草精

1个鸡蛋

85克葡萄干或无核葡萄干（可选）

约2汤匙植物油

黄油和枫糖浆，食用时搭配（可选）

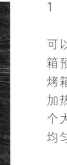

1

　　煎饼可以用平底锅一个个煎熟，也可以用烤箱一次性全部完成，只需将烤箱预热140℃（风扇烤箱120℃ / 燃气烤箱1挡），同时在烤箱中放一个盘子加热。将面粉、泡打粉和小苏打放入一个大碗中。加入糖和盐，用打蛋器搅拌均匀。柠檬皮磨成细屑加入其中。

为什么用打蛋器搅拌

　　如果所有的干性材料质地类似（例如原材料中没有容易结块的黄糖），我通常用打蛋器而不是筛子混合原材料。打蛋器可以混合原材料，并在原材料中添加空气，清洗起来也更简单方便。

2

　　在面粉中间挖出一个小坑，然后将白脱牛奶、牛奶和香草精倒入小坑中，并打入鸡蛋。

如果没有白脱牛奶

　　将240毫升牛奶和2汤匙柠檬汁混合，静置5分钟，便可以替代白脱牛奶。同时，食谱中的2汤匙牛奶也不需要加了。

3

　　用打蛋器搅拌碗中所有材料，直到所有材料混合均匀，然后再充分搅打一会儿，使面糊变得浓稠、光滑。需要的话，最后放入葡萄干。

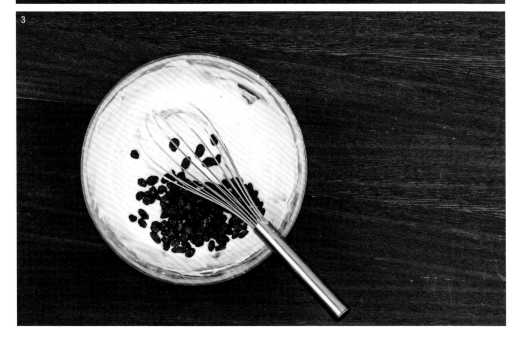

4

取一只大的平底不粘煎锅或者平烤盘，放在炉子上以中火加热，并在锅里加1茶匙植物油。加热几秒钟后，转动锅子或烤盘使植物油分布均匀，然后倒入大约1汤匙的面糊，每团面糊要间隔开。面糊在进入锅里后会马上发出咝咝声，然后向四周扩展。用勺子轻推面糊的四周，使面糊尽量呈圆形。第一面大约煎1分钟，直到有气泡产生，并在煎饼的表面产生气孔。要持续加热，过程中不要离火。

5

用锅铲将煎饼翻面（按先后顺序，从第一个倒入锅里的煎饼开始翻，这样每块煎饼的烹饪时间是相同的），另一面要再煎30秒到1分钟，直到中间胀起、按压时感觉很有弹性。煎好后马上趁热吃，或者把它们放到一开始放入烤箱加热的盘子里，继续做剩下的煎饼时，应把做好的留在烤箱里保温。

如何提前做准备

白脱牛奶煎饼重新加热很简单。将冷却的煎饼放入微波炉、煎锅或吐司炉里热一下，或者用铝箔纸包好放在180℃的烤箱中（风扇烤箱160℃／燃气烤箱4挡）烤10分钟即可。其实放凉以后的煎饼口味也不错。

6

热的煎饼可以按照个人喜好，搭配黄油，淋上枫糖浆，或者挤上柠檬汁吃。

石板街饼干
Rocky Road

准备时间：10分钟，定型时间另计
成品：16个小方块

　　石板街饼干并不是严格意义上的热制糕点，但是我实在不忍心拿掉这款人见人爱的食谱。我喜欢在石板街饼干里放些姜汁饼干，但是其实任何口感酥脆的饼干都可以放进来，像是消化饼干、英式茶点饼干，甚至奥利奥也可以，它可以给蛋糕增加额外的巧克力风味。

55克黄油，额外准备一些以涂抹模具

400克黑巧克力，可可固形物含量约为60%

2汤匙金黄糖浆

1小撮盐

125克综合坚果

175克酥脆的饼干

100克棉花糖

85克大葡萄干，或其他水果干

1汤匙糖粉

1

2

3

1

　　取一个23厘米的方形浅蛋糕模或者布朗尼烤盘，内侧涂抹少量黄油，然后铺上烘焙纸。融化巧克力时，将一只中号平底锅内装半锅水，把水烧到即将要完全滚开的状态。把巧克力和黄油分别切成小块，一同放入一只耐热的大碗中。把碗架在平底锅上，确保碗底不要接触到水（这种方法也被称为隔水炖或隔水加热）。

巧克力的选择

　　如果你找不到可可固形物含量为60%的巧克力，可以用200克含量为50%的巧克力（市售的"比利时"黑巧克力大多是这个含量），加200克含量为70%的巧克力，然后把它们混合融化在一起。

2

　　平底锅以小火加热，不时搅拌下巧克力和黄油，让它们融化在一起，形成柔滑的混合物。然后加入糖浆和盐，搅拌均匀后把碗从锅上拿下来。

3

　　等待巧克力融化的同时，可以粗略地切一下比较大的坚果（例如巴西果，如果有这种坚果的话）。饼干压碎或掰碎成小块。棉花糖撕成两半。

4

　　从碗中舀出约8汤匙巧克力放在一旁备用。将饼干块、坚果、棉花糖和葡萄干，以及其他任何你喜欢的材料，一起扔进剩余的巧克力中，用刮刀搅拌均匀，确保每一种材料都沾满巧克力。

5

　　把步骤4中混合好的"石板街"混合物倒入准备好的模具中，然后开始像铺柏油路一样，将一旁预留的巧克力倒在混合物上。表面不用抹得太平整，这也正是这款糕点的特点所在。

6

　　将石板街巧克力蛋糕放入冰箱冷藏3个小时，也可以更久，直到它变得非常硬。将蛋糕拿出模具，撕掉四周的烘焙纸，切成方块，再撒上糖粉。

7

　　可以放在冰箱或阴凉处保存3天。

土耳其街饼干
Turkish Road

　　将食谱中一半的棉花糖换成土耳其软糖即可。

罗马街饼干
Roman Road

　　从意大利水果硬蛋糕（panforte）中获得灵感，将食谱中一半的葡萄干替换为切碎的糖渍橙皮。饼干则选用意大利杏仁饼（amaretti），并且加入1茶匙肉桂粉，½茶匙肉豆蔻粉。如果你喜欢，还可以加一小撮丁香粉。

香草水果司康
Vanilla Fruit Scones

准备时间：15分钟
烘焙时间：12分钟
成品：10块

　　一块完美而松软的司康是一种享受：做法很简便，却非常好吃，趁热搭配奶油或黄油和一大勺果酱或柠檬蛋黄酱（Lemon　Curd）享用格外美味。记得千万不要揉面团，哪怕只揉很短的时间也会使司康变得不松软。

400克中筋面粉，额外准备一些做手粉

2茶匙泡打粉

¼茶匙小苏打

¼茶匙盐

100克冻硬的黄油

60克特细砂糖

85克苏丹娜葡萄干或你喜欢的水果干（可选）

225毫升牛奶

2茶匙柠檬汁

1茶匙香草精

1个鸡蛋

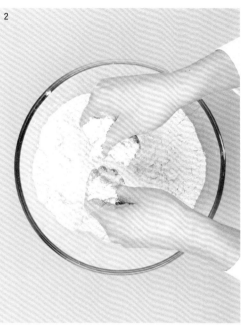

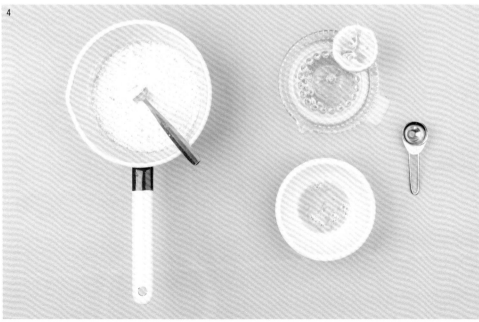

1

　　烤箱预热220℃（风扇烤箱200℃／燃气烤箱7挡）。在烤箱中放一个大烤盘预热。将面粉、泡打粉、小苏打和盐混合后筛入大碗中。黄油切成小方块后也加入大碗中。

2

　　把冻硬的黄油搓进面粉中，直到混合物看起来像面包屑一样。如果你有食物处理机就更简单了，只需要把黄油和干性材料一起放进去搅拌，然后再把它们倒入碗中。

冻硬的黄油

　　用冻硬的黄油才能制作出松软、轻盈的司康。如果天气很热，揉搓黄油进面粉时感觉黄油开始融化，可以把搅拌碗放进冰箱冷藏10分钟再继续。

3

　　如果你想将水果干加到司康中，记得先将配料中的糖放进步骤2的混合材料中搅拌，再加水果干。当然，我这么做是因为我经常在做司康的时候忘记加糖，你应该不会犯同样的错误。

4

　　将牛奶放进平底锅中加热（也可以在微波炉中加热几秒钟），牛奶温热后加入柠檬汁和香草精。静置几分钟，牛奶将会凝结出小块。把鸡蛋打散，然后加入2汤匙凝结的牛奶，放在一旁备用。

用牛奶还是白脱牛奶？

　　加入酸化的牛奶能够激活面团中的碳酸氢盐（小苏打），促进面团膨胀，从而使面团变得更轻盈。也可以用185克的白脱牛奶或酸奶来替代酸化的牛奶，但还要额外加入4汤匙牛奶稀释白脱牛奶或酸奶。这样同时也省去了柠檬汁，但是鸡蛋还是要用。

5

　　将酸化的牛奶均匀地倒入干性材料中，用餐刀将它们搅拌均匀，直到所有液体都与干性材料混合，面团变得柔软而粗糙。如果碗底还有些碎屑也不用担心，不要过度搅拌面团。

6

　　双手蘸一些面粉，工作台上也撒上面粉。把面团倒在工作台上后，在面团表面也撒些面粉。将面团折叠几次，可以让面团变得稍微光滑一些（切忌折叠次数过多），然后把面团拍成3厘米厚的圆形。尽量使面团光滑的一面向上。

7

　　取一个直径为6厘米的饼干模，切出6块司康。在每次切之前，把模具在面粉中蘸一下，这样切的时候面团就不会粘住模具。为了让切口干净整齐，切面团时不要转动模具。切出6块面坯后，轻轻地将剩下的面团按在一起，然后继续切。记住千万不要过度揉或按面团。

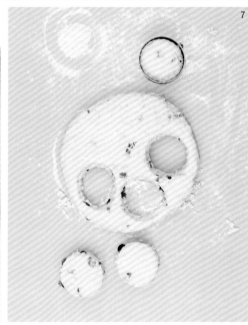

8

　　将余下的蛋液刷在司康表面。

9

　　取出烤箱中预热过的烤盘，撒上一些面粉。将司康小心地摆放在烤盘上，每块之间留相同的间距。烤盘的热度会使司康开始微微膨胀。

10

　　烘烤12分钟，直到司康表面呈金黄色且完全膨胀起来，轻敲底部可以听到回响。烤制8分钟后，如果表面上色不均匀，可以旋转烤盘再继续烘烤，以确保每块司康上色均匀。烤好后移至晾架上冷却。如果想要司康的表面软一些，冷却前，用一块干净且干燥的茶巾将它们包起来。

经典脆皮面包
Classic Crusty Bread

准备时间：20分钟，发酵时间另计
烘焙时间：25—30分钟
成品：一整条

　　从头开始做一条面包是一件让人很有满足感的事情。无论是新手还是老手，这都是一款上手简单又能帮你拿高分的好面包，而且也花不了太多时间。很多人做过一次后就迷上了做面包，因此我在这个食谱中写了好几种变换面包口味的方法，你可以用它们继续练习做其他面包。

500克高筋面粉，额外准备一些做手粉
2茶匙速发酵母
1茶匙糖
2茶匙盐
约300毫升温水
2汤匙橄榄油，额外准备一些以涂抹模具

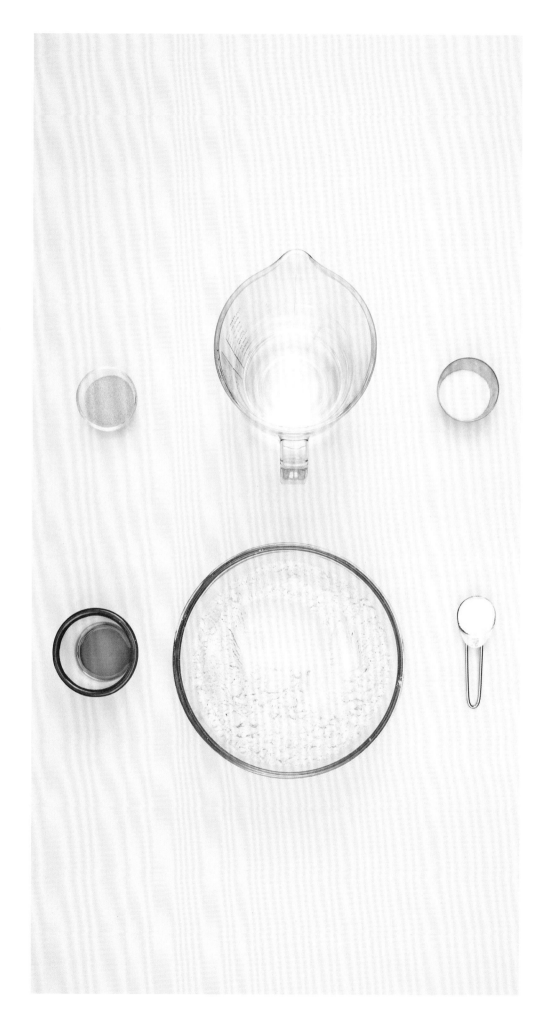

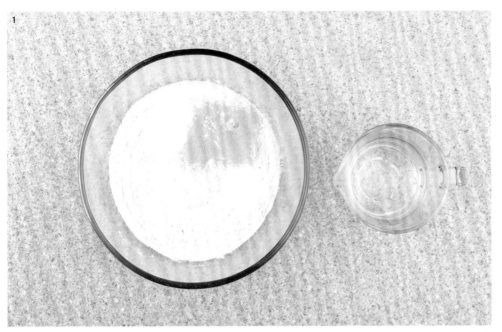

1

将所有干性材料放进大碗中。把水和橄榄油混合在一起。水应是温热的（常温下40℃左右，制成后的面团温度为24℃—25℃），一定不能过热，水温过热会烫死酵母。

2

干性材料搅拌均匀，搅拌的同时倒入水和油。把所有的材料搅拌在一起，直到看不到干面粉。面团表面会很粗糙，而且有些粘手。

正确的质地

如果面团无法成团，就再淋些水。面团越湿最后做出的面包越好吃。同时，依据面粉老化程度、天气和产地的不同，面粉的含水量也会各不相同。

3

在工作台上撒上面粉，然后把面团放在工作台上。面团表面撒些面粉，然后开始揉面。揉面的过程中要避免加入过多的面粉。如果面团总是黏在工作台上，把粘在工作台上的部分用刀刮干净，洗净、晾干双手，然后再开始揉。再次揉面团之前，记得在工作台上、面团上和手上再撒些面粉。

如何揉面

只要充足地拉伸、折叠面团，面团就会变得光滑有弹性，这其实与揉面的技术没什么关系。我通常用左手按住面团靠近身体这一端，用右手握住面团向前推。然后向回折叠，把面团旋转45°再重复上述动作。也可以利用厨师机、面包机或台式搅拌机的揉面功能（有些食品处理机也有揉面"刀"），这样可以节省时间，当然你自己锻炼的时间就少了。

4

将面团揉到非常有弹性，表面润滑有光泽。要测试面团是否揉好，把边缘收起折向中间，让它团成一个球。翻转面团，光滑的一面向上。用一只手将面团抓住保持球形，用另一只手按压面团。如果凹痕不回弹，那面团就还没有揉好。如果按压面团后回弹，就可以继续下面的步骤了。

5

现在就可以发面了。在一个大碗中涂上1汤匙油，将面团放进碗中，让它在油中滚几下，使面团表面均匀沾上油。用保鲜膜将碗包好，或用茶巾将碗盖起来。也可以用一只大号食品袋，在其内侧涂些油，把面团放进食品袋中再密封起来，要给面团留出足够的空间发酵。

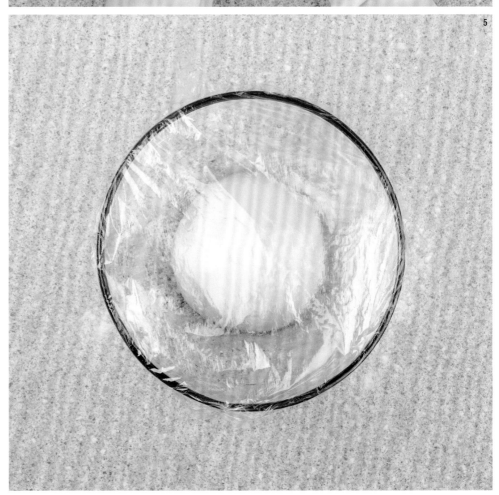

6

　将面团置于温暖处（但不要太热）*约1小时，或者直到面团体积膨发至两倍大。

隔夜发酵

　我通常提前一晚制作面团，然后把面团放在冰箱里面发酵一整夜，而不是放在温暖的地方发酵。面团发酵得越慢，面包的口味就会越丰富。第二天把面团从冰箱拿出来回温后，再继续下面的步骤。

7

　把发酵好的面团倒出来，放在撒了面粉的工作台上，按成A4纸大小的长方形。不要揉面，否则面团会再次变得有弹性，不容易整形。将长方形面团的一个长底边自下而上折起，另一边自上而下折到一半的位置，把面团整成像香肠一样的形状。面团的边缘要紧紧地捏起来。

　*基础发酵的理想温度为25℃—28℃，发酵时间从1—3小时不等，面团温度越低，所需的发酵时间越长（编者按）

8

烤盘上撒些面粉，面团光滑的一面向上放在烤盘上。必要的话，还可以轻拍面团进一步完成整形。在上面松松地盖上保鲜膜或茶巾，让面团再次发酵约30分钟（此阶段被称为二次发酵），直至面团发到两倍大。用手轻戳面团边缘，如果面团不反弹，就可以烘烤了。烤箱要预热220℃（风扇烤箱200℃／燃气烤箱7挡）。

9

面包的顶部再撒上些面粉，用一把锋利的刀将面包顶部割开几道切口。这一步非常重要，因为切口可以让面包在烤箱中烤时再"长大"一些。

10

烘烤25—30分钟，直到面包充分地膨胀起来，颜色金黄，表皮酥脆。当你觉得它烤好了，小心地翻转面包，检查底部是否也烘烤充分。轻敲面包底部，应该发出回响。如果没有，就再烤10分钟。出炉后的面包冷却时直接接触空气，表皮会变得又硬又脆；如果在冷却过程中给面包盖上干净的茶巾，表皮会变得比较柔软。

全麦种子面包

将食谱中一半的面粉替换为全麦面粉，再加上3汤匙各种种子的混合物。水的用量也需要增加一些；还可以尝试用牛奶替代水。给面包割口以及烘焙前，在表面再撒些种子。

迷迭香佛卡夏

将完成基础发酵的面团放入一个23厘米×33厘米的模具中，按压面团使之贴合模具并做最终发酵。在烘烤前，在面团上戳满洞，撒上新鲜的迷迭香叶和片状海盐，再倒上些初榨橄榄油。烤到完全膨胀，颜色金黄。

比萨饼皮

将完成基础发酵的面团切成四块，在大号烤盘上擀薄，铺上馅料，在温度为240℃（风扇烤箱220℃／燃气烤箱9挡）的烤箱中烤到松脆。

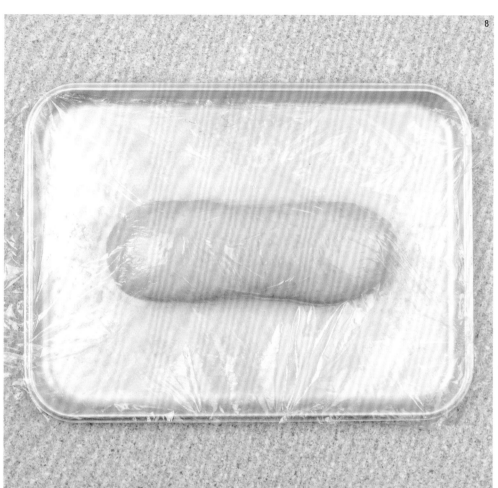

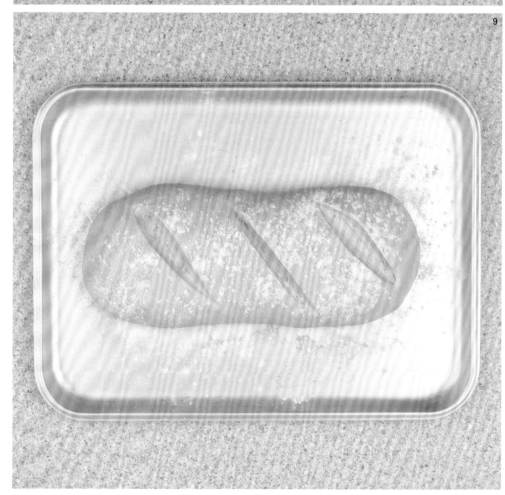

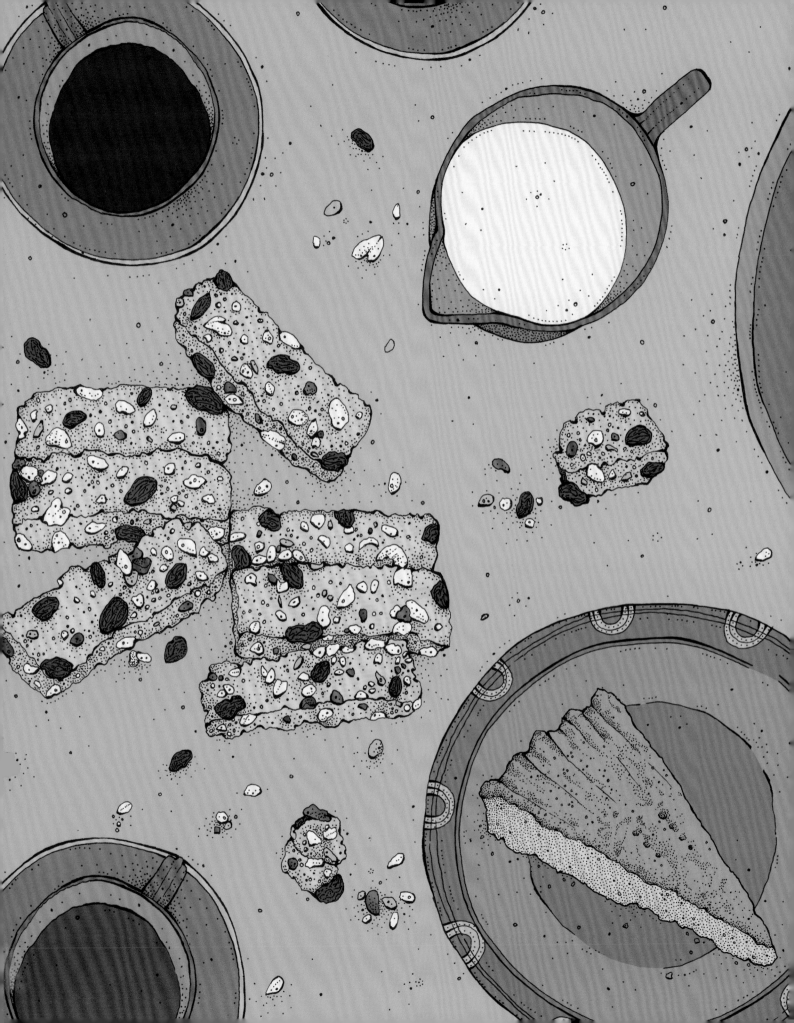

晨间咖啡下午茶

经典苏格兰黄油酥饼
Classic Shortbread

准备时间：15分钟，冷冻定型时间另计
烘焙时间：1小时10分钟
成品：12块

　　在家制作苏格兰黄油酥饼时，搅打材料要耗费一定的时间。原材料的质量将影响成品最终的口味，因此这个食谱值得我们多花些钱买品质更好的无盐黄油。如果想要黄油酥饼咬起来有些咯吱咯吱的口感，可以把食谱中80克的面粉替换为同等重量的米粉。

225克软化的黄油

100克特细砂糖，额外准备一些表面装饰用

¼茶匙盐

1茶匙香草精

280克中筋面粉

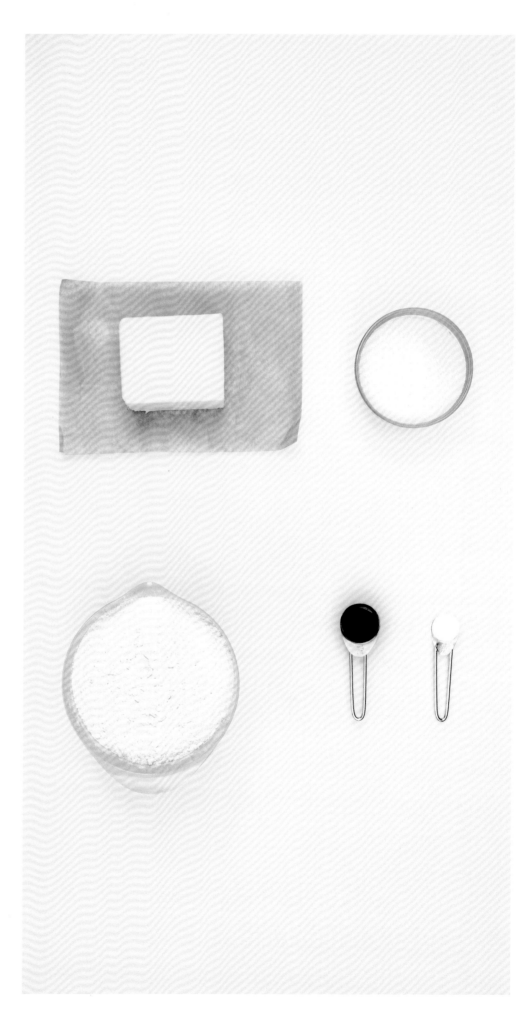

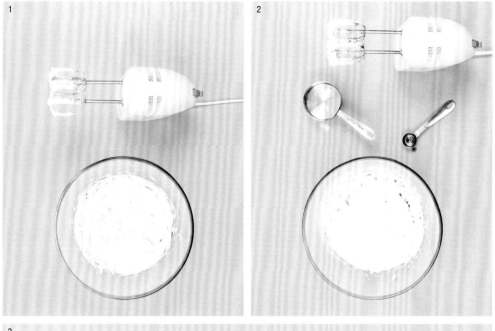

1

取一个23厘米波浪边挞盘，在挞盘的波浪边上抹上一些黄油。将剩下的黄油放入大碗中，用木勺或者电动打蛋器搅打成为奶油状，颜色变浅。

2

加入糖、盐和香草精继续搅打，直至变成更顺滑的奶油状，颜色也更浅。

3

面粉筛入碗中。用刮刀轻柔地将面粉用边叠边切的手法拌入黄油混合物中，混合成为质地均匀的面团。不要过度搅拌：搅拌次数越少，黄油酥饼就会越松软。

4

把面团压入挞模中，用勺子的背面将面团表面抹光滑。如果面团总是粘住勺子，在面团表面撒些面粉试试。

换用其他形状的模具？

如果你想用一个普通的23厘米圆形蛋糕模来做，完全没问题；用20厘米大小的方形模具来做，把奶油松饼切成长方形也可以。用活底模具，脱模时更简单，但是没有活底模具也没有关系。不论使用什么形状的模具，烘烤时间都一样。

还有一个更便捷的制作方法：将面团揉成直径为6厘米的香肠形状，用保鲜膜包好并放到冰箱中冷冻。冻硬后切成1厘米厚的圆片，然后放在铺好烘焙纸的烤盘中，在温度为180℃（风扇烤箱160℃／燃气烤箱4挡）的烤箱中烘烤20—25分钟，直至呈金黄色为止。

5

用叉子的尖头沿黄油酥饼边缘压出一圈花纹，然后把面团切成12份。我一般先切出4等份，每一份再分别切成3块，这样可以保证每一份都切得均匀漂亮。用叉子在每份面团上戳两排洞，一定要一直戳到底，碰到模具为止。将面团放入冰箱冷冻20分钟（也可以冻得更久些），冻至面坯变得非常硬实。冷冻面团的同时，烤箱预热160℃（风扇烤箱140℃／燃气烤箱3挡）。

6

烘烤1小时10分钟，直至酥饼呈金黄色，表面出现沙地般的质感。如果你在食谱中用了米粉，烘烤的时间要稍微短一些，烤制1个小时就要检查一下。让松饼在模具中冷却5分钟，然后用叉子把边缘的花纹和之前戳出的小洞再加强一次。黄油酥饼表面撒上1—2茶匙糖，模具放在晾架上，彻底晾凉前不要脱模。

7

黄油酥饼冷却后切成三角形就可以吃了，把它放进密封容器中，可以保存一个星期。

橙香黄油酥饼

在步骤2搅拌混合材料时，加入1个橙子的橙皮碎屑，要磨得稍微细一些。

薰衣草黄油酥饼

在糖中加入1汤匙切碎的干薰衣草花，静置几分钟让薰衣草的味道沁入糖中。也可以将香料换作迷迭香。

山核桃黄油酥饼

在面团中加入50克切碎的美国山核桃。我喜欢在这个酥饼的食谱中额外加些盐。

巧克力黄油酥饼

融化50克黑巧克力（可可固形物含量为70%）。把已经冷却的酥饼放在晾架上分开排好，然后将巧克力淋在酥饼上，这样就不用在表面额外撒糖了。

小胡瓜杯子蛋糕配马斯卡彭奶酪糖霜
Courgette Cupcakes with Mascarpone Frosting

准备时间：20分钟
烘焙时间：20分钟
成品：12个杯子蛋糕

　　和胡萝卜蛋糕中的胡萝卜一样，小胡瓜除了为这款杯子蛋糕添加了一些柔软而清新的风味外，不会有任何其他特殊的味道，因此非常值得一试。便捷的柠檬淋酱为蛋糕增加活力，而醇美的柠檬马斯卡彭奶酪酱让完成后的蛋糕既美丽又美味。

杯子蛋糕用料

200克小胡瓜（大约1—2根；个头小一些的更好）

175克软化的黄油，额外准备一些以涂抹模具

1个柠檬

150克特细砂糖，额外准备1茶匙

200克中筋面粉（或参考"小贴士"）

2½茶匙泡打粉

¼茶匙盐

3个鸡蛋，室温

糖霜用料

150克高品质柠檬蛋黄酱（Lemon Curd）

250克马斯卡彭奶酪

1

小胡瓜带皮擦成粗一些的丝，这一步至少要用到150克胡瓜丝。把它们放在两层厨房纸之间，或者放在干净的茶巾上。你准备其他原材料的时候，把它们放在一旁备用。

2

烤箱预热180℃（风扇烤箱160℃／燃气烤箱4挡）。取一个12连不粘麦芬模，内侧都涂上黄油；也可以将12个深纸模直接放在没有涂油的麦芬模中。将两个柠檬的果皮磨成细屑，然后挤出柠檬汁。把柠檬皮碎屑、2汤匙柠檬汁、黄油和糖一起放入大碗中。用电动打蛋器或木勺搅打，直至混合物呈奶油状且颜色变浅。

3

将面粉、泡打粉和盐混合在一起，筛入黄油和糖的混合物中。然后加入鸡蛋，把所有的材料搅打均匀。加入面粉后，千万不要过度搅打面糊。

换用其他种类的面粉

这款杯子蛋糕用斯佩耳特小麦粉（spelt flour）做也非常好吃。也可以用一半斯佩耳特小麦粉加一半中筋面粉，或一半全麦粉加一半中筋面粉。它们都会为成品增添坚果风味、口感也更丰富。全麦粉会比普通面粉吸收更多的水分，因此如果面糊看起来过于黏稠，可以多加1汤匙牛奶。

4

将擦成丝的小胡瓜拌入面糊中，然后把面糊舀入准备好的模具中。麦芬模可能会被填满。

5

烘烤20分钟，直到蛋糕充分膨胀，呈金黄色，用竹签插入蛋糕中心后拔出，竹签表面干净不粘连任何面糊。在烤蛋糕的同时，将剩下的柠檬汁和额外准备的糖混合，搅拌使糖融化。蛋糕烤好后，用牙签在表面戳些小洞，然后将柠檬糖汁用勺子淋在蛋糕上。让蛋糕在模具中冷却10分钟，然后脱模转移到晾架上。

6

制作糖霜时，将柠檬蛋黄酱（Lemon Curd）和马斯卡彭奶酪放入大碗中，用木勺或刮刀充分搅拌直至混合均匀，质地顺滑。上桌之前，舀一大勺糖霜放在晾凉的蛋糕上，用勺子或小磨刀抹出螺旋形状。

7

这款杯子蛋糕最好在做好后马上享用，已经抹过糖霜的蛋糕如果一次吃不完，需放在阴凉处或冰箱中保存。

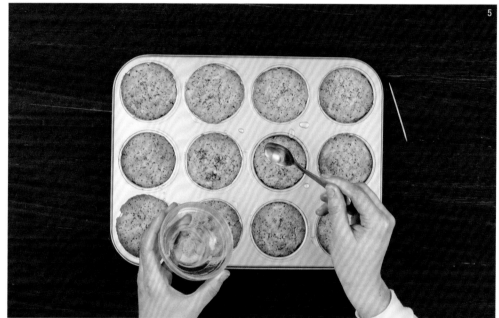

迦法柑橘大理石蛋糕
Jaffa Marble Loaf

准备时间：30分钟
烘焙时间：55—60分钟
成品：8—10片

　　这是一款趣味十足的蛋糕。巧克力的大理石花纹和橙子的清香提升了这款蛋糕的吸引力，也让制作和切分的过程充满了乐趣。黑巧克力淋面为蛋糕增添了微苦的口味，使甜度更加平衡；如果做给小朋友们吃，可以用牛奶巧克力来替代黑巧克力。

蛋糕用料

175克软化的黄油，额外准备一些以涂抹模具

1个橙子，个头大些

175克特细砂糖

175克中筋面粉

¼茶匙盐

1茶匙泡打粉

3个鸡蛋，室温

3汤匙植物油

2汤匙巧克力粉

巧克力淋面

100克黑巧克力，可可固形物含量为70%

2汤匙金黄糖浆（Golden Syrup）

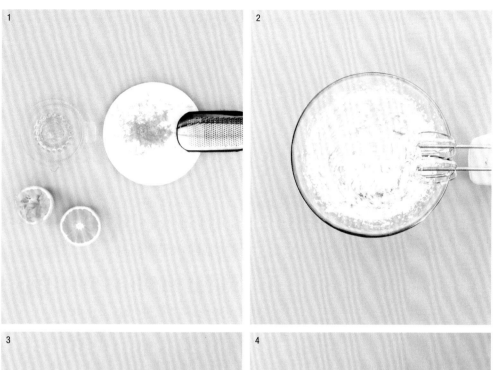

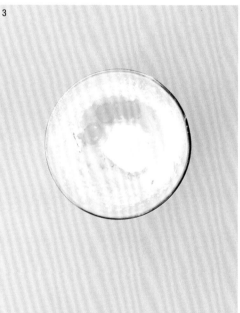

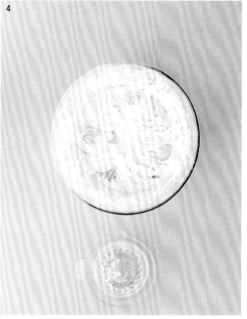

1

取一个23厘米×12厘米的磅蛋糕模，内侧涂一些黄油，然后交叉铺上两张长条状的烘焙纸，长度要足够覆盖模具的边缘。烤箱预热160℃（风扇烤箱140℃／燃气烤箱3挡）。将橙子的皮磨成细屑后，榨出橙汁。

2

将黄油、糖和大部分橙皮碎屑放入大碗中。用电动打蛋器将材料搅打混合，直至混合物成为浅色的奶油状。

3

将面粉、盐和泡打粉混合均匀，筛入乳化的黄油中。再加入鸡蛋和植物油。

4

将所有材料用电动打蛋器搅打成顺滑的面糊，加入3汤匙橙汁，此时面糊舀起后可以柔滑地滴落回碗中。

柔滑可滴落的浓稠度

舀起一勺蛋糕糊后轻轻震动一下，蛋糕糊应该可以很轻松地滴落回碗中。如果蛋糕糊不能滴落，则说明它太硬了，做出的蛋糕也会很干。为了制作出湿润柔软的蛋糕，食谱中通常都会在加入面粉后，再加入一些液体材料，比如这个食谱中用的橙汁。液体材料的用量依食谱不同而有所区别，当然和面粉的种类以及老化程度也有关系。这个食谱中的油可以帮助蛋糕保持湿润，因此这款蛋糕很适合提前做好，然后拿到食品义卖活动中去，或保存起来随时享用。

5

舀出一半的蛋糕糊放入另外一个碗中，将可可粉筛入其中一份面糊中并搅拌均匀。如果巧克力蛋糕糊看起来比橙子面糊干，可以在巧克力蛋糕糊中再加入一汤匙橙汁。

6

将巧克力蛋糕糊和橙子蛋糕糊交替着舀入准备好的蛋糕模中。用一根竹签或筷子在蛋糕糊中画圈或"8"字形，让两种蛋糕糊互相交叠在一起，在蛋糕中心形成大理石花纹。

7

烘烤55—60分钟，直到表面呈金黄色，蛋糕从四周向中心膨胀起来。在蛋糕中心插入一根竹签，如果竹签拔出来表面是干净的，蛋糕就烤好了。让蛋糕在模具中冷却10分钟，然后提起铺在蛋糕下面的烘焙纸将蛋糕脱模，转移至晾架上彻底冷却。制作表层的巧克力淋酱，需要先将装有巧克力的耐热碗放在盛有热水的锅上，或者放进微波炉里融化（见第119页）。将糖浆和留下的一小部分橙皮碎屑放入融化的巧克力中搅匀。

8

将巧克力糖霜涂抹在晾凉的蛋糕上，然后静置1小时以定型，待巧克力完全凝固即可食用。

9

上桌前需将蛋糕切成厚片，吃不完的部分可以用保鲜膜包起来放进密封容器中，最多可以保存3天。

摩卡巧克力大理石蛋糕
Mocha Chocolate Marble Loaf

用4汤匙热水溶解2汤匙速溶咖啡粉。用3汤匙咖啡替代橙汁加入基础面糊中。制作巧克力蛋糕糊时，将1汤匙咖啡与可可粉一同加入一半的蛋糕糊中。从巧克力淋酱中去掉橙皮碎屑。如果你喜欢，可以用咖啡味巧克力来制作淋酱。

胡萝卜蛋糕配奶油奶酪糖霜
Carrot Cake with Cream Cheese Frosting

准备时间：30分钟
烘焙时间：30—35分钟
成品：12块

　　胡萝卜蛋糕是烘焙新手的完美选择。这款甜品不仅美味，而且由于胡萝卜中富含水分，也不容易烤焦或烤干。如果你想把蛋糕做成方形或杯子蛋糕的形状，可以参考第94页的变换方法。

蛋糕用料

100克美国山核桃

200毫升植物油，额外准备一些以涂抹烤盘

250克中筋面粉

2茶匙泡打粉

½茶匙小苏打

2茶匙综合香料粉

½茶匙盐

200克黄糖

1个橙子

3个鸡蛋

300克胡萝卜

85克葡萄干

糖霜用料

110克软化的黄油

300克全脂奶油奶酪，冷的

½茶匙香草精

100克糖粉

1

2

3

4

1

烤箱预热180℃（风扇烤箱160℃／燃气烤箱4挡）。坚果平铺在烤盘上，烤8—10分钟，直到颜色金黄，香气四溢。待坚果冷却后粗粗地切碎。烘烤过的坚果可以为蛋糕糊添加独特的风味，但是如果赶时间，也可以不烘烤直接切碎使用。

2

在烤坚果的同时，做好其他的准备工作。取两个直径为20厘米的活底海绵蛋糕模，内侧涂抹一些油，底部铺上烘焙纸。将面粉、泡打粉、小苏打、香料粉和盐混合，筛入大碗中。在碗中加入糖，用手指将糖和面粉等材料混合均匀，将结块的部分捏碎。橙子皮磨成细屑后加入碗中，橙子榨汁放在一边备用。

如何选择混合香料粉

在家里制作复合味道的混合香料一点都不难，可以取1汤匙肉桂粉、2茶匙姜粉、½茶匙肉豆蔻粉和甜胡椒粉、加上¼茶匙丁香粉混合在一起。混合好的香料粉一次用不完，可以留着下次用。

3

将鸡蛋打入量杯中，加入油和2汤匙橙汁，搅拌均匀。

4

胡萝卜擦成粗一些的丝，称量出250克。将油和鸡蛋的混合物倒入干性材料中搅拌成均匀顺滑的面糊。加入大部分的坚果、全部的胡萝卜和葡萄干，搅拌均匀。如果面糊看起来太硬，可以额外加入1汤匙橙汁。将面糊分别倒入两个事先准备好的模具中。

5

烘烤30—35分钟，直到蛋糕呈金黄色、膨胀均匀，插入竹签再拔出，竹签表面干净不带出任何面糊。让蛋糕在模具中冷却20分钟，倒扣脱模移至晾架上彻底冷却。

6

制作糖霜，需要将黄油放入大碗中搅打成非常顺滑的奶油状。加入奶油奶酪和香草精继续搅打，直至混合物混合均匀。然后筛入糖粉，用刮刀轻轻地将它们搅拌到一起。

制作完美糖霜

黄油和奶油奶酪的温度要合适，这点非常重要，否则制作出的糖霜可能有很多结块。如果有结块产生，除了将黄油和奶油奶酪的混合物过筛，没有其他更好的办法。加入糖粉后不要过度搅拌，否则糖霜的质地会变得很稀。

7

将一个蛋糕底面向上放在盘子上，然后用抹刀把大约⅓的糖霜抹在上面。把另一个蛋糕放在抹好糖霜的蛋糕上，然后用其余的糖霜涂抹蛋糕的表面和四周（见第136页）。

8

把留下的小部分美国山核桃撒在糖霜上。蛋糕在冰箱冷藏一会儿有助于定型。天气热时，蛋糕要一直放在冰箱中冷藏，吃之前再拿出来切片。

胡萝卜方块蛋糕

用23厘米×33厘米的烤盘烤40分钟，插入竹签后再拔出，表面不带出蛋糕屑。抹上糖霜，然后切成小方块。

胡萝卜杯子蛋糕

这个食谱可以做18个杯子蛋糕。烤20—25分钟，冷却后再抹上糖。

巧克力奶酪布朗尼
Fudgy Cheesecake Brownies

准备时间：20分钟
烘焙时间：30—35分钟
成品：16块

　　蛋糕表层奶酪的花纹让这款布朗尼看起来与众不同，美味柔滑的口感也和底部深色的巧克力层形成鲜明的对比。如果你更喜欢单纯的布朗尼，跳过和奶酪层相关的部分，直接进行步骤8即可。而且只用布朗尼蛋糕糊，一样可以烤出我们想要的又薄又脆、带有光泽的外皮。食谱后面还有更多变换口味的窍门。

布朗尼原料

200克黄油，额外准备一些以涂抹模具

200克黑巧克力，可可固形物含量约为60%（见第97页"小贴士"）

4个鸡蛋

300克特细砂糖

125克中筋面粉

50克可可粉

½茶匙盐

奶酪蛋糕糊用料

200克全脂奶油奶酪，室温

1个鸡蛋

2汤匙特细砂糖

1茶匙香草精

1

取一个23厘米的方形浅蛋糕模，内侧涂一些黄油，然后铺上烘焙纸。烤箱预热180℃（风扇烤箱160℃／燃气烤箱4挡）。首先开始做布朗尼层。在一个中等大小的炖锅中融化黄油。等待黄油融化的同时，把巧克力碎成小块，加入融化的黄油中，并把锅从火上移开。

烘焙中用到的巧克力

因为具有浓郁的巧克力风味，可可固形物含量为70％的高品质巧克力在烘培中很常用。但这种巧克力有时味道过酸，且对于布朗尼等家常糕点来说，它的味道过于浓烈了。我喜欢用可可固形物含量为60％的黑巧克力，或将等量的70％巧克力和50％巧克力混合。这样还可以降低烘焙的成本。

2

让巧克力完全融化，不时用刮刀搅拌，直至顺滑。

3

将鸡蛋和糖放入大碗中。用打蛋器搅打，直至起泡且变得有些浓稠，通常需要30秒左右。

4

将融化的黄油和巧克力倒入鸡蛋液中，用打蛋器搅拌，混合均匀。再将面粉、可可粉和盐筛入碗中。

5

用打蛋器（可以用先前粘上巧克力的那只）搅打，直至混合物变得顺滑浓稠。从碗中舀出约4汤匙面糊放在一旁备用，然后用刮刀将其余面糊刮入准备好的蛋糕模中，并抹平表面。

6

现在开始制作奶酪蛋糕层。将奶油奶酪放入一只大碗中，加入鸡蛋、糖和香草精。用打蛋器搅拌，混合成顺滑的奶油状。

7

将奶酪蛋糕糊一勺一勺地舀入蛋糕模中，均匀地铺在布朗尼蛋糕糊上面，然后用勺子背面或者抹刀将奶酪蛋糕糊抹成薄薄一层。将之前放在一旁备用的布朗尼蛋糕糊舀到奶酪蛋糕糊上。将竹签或者刀尖插入奶酪蛋糕糊层，来回拖动，划出像羽毛般的花纹。

8

烘烤30—35分钟，直到布朗尼蛋糕充分膨胀，晃动蛋糕模时，只有最中心部分有轻微的颤动。这种颤动状态是成品蛋糕保持微润质地的关键。让蛋糕在模具中彻底冷却，然后切成小方块，装入密封容器可保存数天。

变换口味

在步骤5加入不同的口味，同时可以取消奶酪蛋糕层。

经典核桃布朗尼：将100克切碎的核桃叠拌入面糊中。

酸樱桃白巧克力布朗尼：将50克樱桃干和50克切碎的白巧克力叠拌入面糊中。

花生酱布朗尼：将4汤匙花生酱在平底锅中略微加热，然后舀入蛋糕糊中，并用刀尖划出图案。

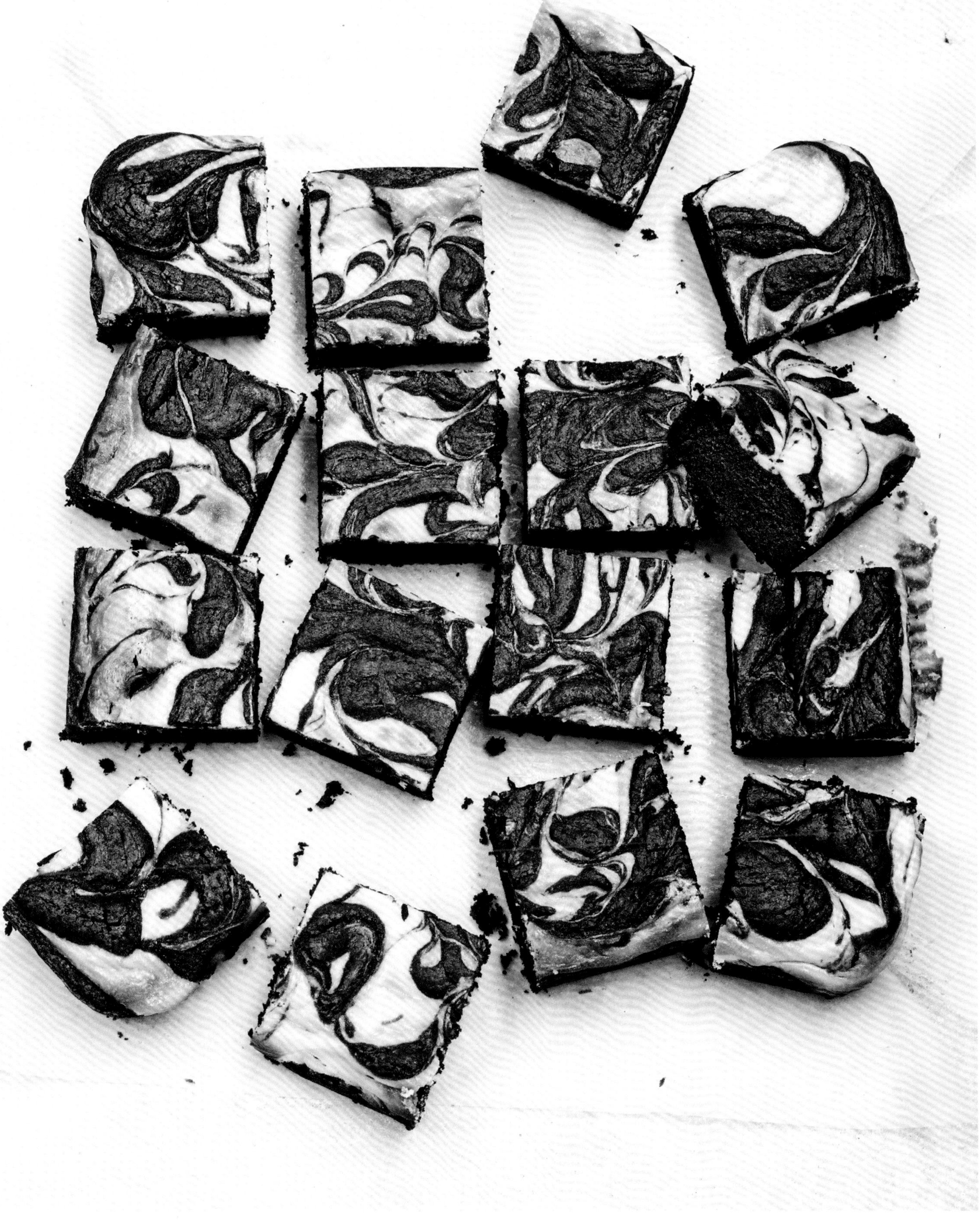

柠檬霜姜味蛋糕
Lemon-Glazed Ginger Cake

准备时间：20分钟
烘焙时间：50分钟
成品：12块

　　每一个试过这款蛋糕的人都会爱上它，我当然也不例外。其口味醇厚，质地紧实，表面的黑糖浆更添风味，以密封容器保存可达一个星期以上。没有邦特（bundt）蛋糕模也不用担心，参考第102页有关如何用23厘米×33厘米的普通模具制作的内容即可。

蛋糕用料

180毫升植物油，额外准备一些以涂抹烤盘

100克糖姜块（或用浸在糖浆中的糖渍姜块，沥干水分）

300克黑棕糖

150克黑糖浆

240毫升牛奶

3个鸡蛋

1个柠檬

300克中筋面粉

1½茶匙小苏打

1汤匙姜粉

1茶匙甜胡椒粉（或改用肉桂粉）

¼茶匙盐

糖霜用料

100克糖粉

约2汤匙柠檬汁

1

烤箱预热180℃（风扇烤箱160℃／燃气烤箱4挡），并取一个直径为25厘米的邦特（bundt）蛋糕模，内侧涂油，或者喷上不粘喷锅喷雾。把糖姜块切成小块。

2

将黑棕糖、黑糖浆和牛奶放入一只大锅中加热，使其融化混合在一起。

3

将锅从火上取下，等放凉后倒入油，用打蛋器搅拌均匀，然后加入鸡蛋继续搅拌直至顺滑。将柠檬皮磨成碎屑。

4

把面粉、小苏打、所有香料和盐混合，然后筛入一只大碗中。把面粉推向碗的四周，在中间做出一个小坑，将液体原料倒入其中。加入大部分切好的糖姜块，留一小部分最后装饰用。

5

将干性原料和液体原料混合，开始要慢一些。待所有原料充分混合，用打蛋器使劲搅打面糊直至面糊均匀顺滑。然后将面糊倒入准备好的邦特（bundt）蛋糕模中。

6

烘烤35分钟，直到蛋糕烤到完全膨胀而且成深棕色。烘烤的过程中千万不要打开烤箱门，否则蛋糕会瘪下去。然后将烤箱温度降到160℃（风扇烤箱140℃／燃气烤箱3挡）再烤15分钟。把竹签插到蛋糕最厚的地方测试是否烤好，竹签拔出时应该是干净的。将蛋糕模放在晾架上，让蛋糕在模具中彻底冷却。

7

装饰蛋糕时，将糖粉筛入一只大碗中。柠檬榨汁，取4—5茶匙倒入碗中和糖粉混合均匀。糖霜需要保持黏稠，因此在加入更多柠檬汁前，应观察糖霜从勺子上流下的情形以测试其状态。将蛋糕翻转过来放在盘子上，然后淋上糖霜。

8

将预留的切碎的糖姜块撒在蛋糕上，然后让糖霜定型约30分钟。

没有邦特（bundt）蛋糕模

完全没有问题，可以把蛋糕做成手指形的姜味蛋糕。用一个23厘米×33厘米的烤盘铺上烘焙纸，烘烤的方法完全一样，烤到竹签插入蛋糕中心后再拔出，表面干净没有蛋糕糊。淋上糖霜，或者用200克糖粉和更多柠檬汁制作两倍的糖霜，然后将糖霜厚厚地抹在蛋糕表面。等糖霜定型，切成条形，每切一刀都把刀擦干净。

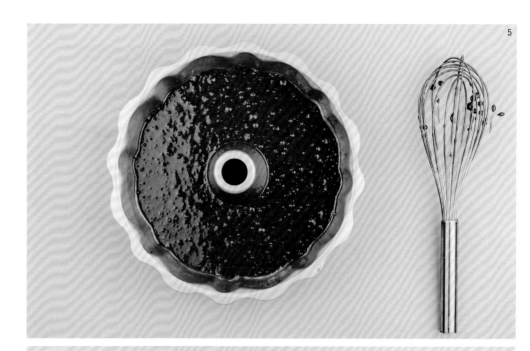

健康蓝莓麦芬
Skinny Blueberry Muffins

准备时间：15分钟
烘焙时间：25分钟
成品：12个麦芬

    没时间吃早餐时，随身带一个麦芬也是不错的选择。针对早餐，我总希望有更健康的选择。这款少油、松软的麦芬口味绝对不输咖啡店，吃了还不会有负罪感。苹果是这款麦芬甜味的主要来源，糖分和油脂更少的同时，水果和面粉的食物纤维的含量也更丰富。

麦芬用料

1个柠檬

240毫升牛奶

1个中等大小的甜苹果

200克中筋面粉

125克全麦面粉

1茶匙泡打粉

1茶匙小苏打

1茶匙综合香料粉

½茶匙盐

125克黄糖

80毫升植物油

2茶匙香草精

2个鸡蛋

150克蓝莓（新鲜的最好，冷冻的也可以）

糖霜用料（可选）

50克糖粉

2—3茶匙牛奶

1

　　烤箱预热200℃（风扇烤箱180℃／燃气烤箱6挡），12连麦芬模中放入深纸杯模。柠檬皮磨成屑（留下稍后用），然后榨出半个柠檬的柠檬汁。将1汤匙柠檬汁搅拌入牛奶中，静置几分钟直到牛奶变浓稠并产生絮状物。

2

　　同时，将整个苹果连皮擦成粗一些的丝。

3

　　将面粉、泡打粉、小苏打、香料粉和盐混合，筛入一只大碗中。这样可以让泡打粉和小苏打等膨发剂与面粉充分混合。筛出的麸皮不要丢掉，同样倒入碗中。接着将糖搅拌进去，然后在碗中做出一个小坑。植物油、香草精和鸡蛋放入呈絮状的牛奶中搅打混合均匀。

4

　　将液体材料倒入小坑中。再加入苹果和蓝莓。

5

　　将原材料稍稍搅拌均匀，形成很粗糙的面糊。碗中还有少许干面粉没有混合进去也不用担心。

6

　　用勺子舀起满满一勺面糊倒入准备好的纸杯模中，用冰淇淋勺操作可以防止面糊滴落得到处都是，大概每个纸杯盛一勺面糊。纸杯中的面糊看起来很满也没关系。烘烤大约25分钟，直到麦芬充分膨胀颜色金黄。烘烤过程中不要打开烤箱门，除非每个麦芬的中心都已经膨胀起来。

7

　　制作糖霜，如果你想加一些在麦芬上。将糖粉筛入一只大碗中，然后慢慢地倒入牛奶搅拌混合，形成顺滑的膏状。把预先磨好的柠檬皮碎屑也搅拌进去，然后将糖霜淋在麦芬表面上。

8

　　让麦芬冷却，然后在制作的当天享用。

如何提前做准备

　　刚刚烤出来的麦芬是最美味的。为了在早餐时间享受这种美味，可以将所有的液体原料提前准备好并冷藏，苹果也可以提前擦丝。把所有的干性原料混合好放在一个碗中。清晨起来，只需要将液体和干性两种原料混合，用不了两分钟麦芬就可以入炉烘烤了。

奶酪火腿玉米麦芬

　　制作这种咸味的麦芬，只需要将全麦面粉替换为细玉米粉。只用1茶匙的糖，去掉食谱中的香草精、香料粉和水果。将2茶匙颗粒芥末酱与加了柠檬汁的牛奶、鸡蛋和4汤匙植物油混合搅打均匀。把50克擦碎的车达奶酪、50克切碎的火腿和100克沥干的罐装甜玉米搅拌进面糊。烘烤18分钟。

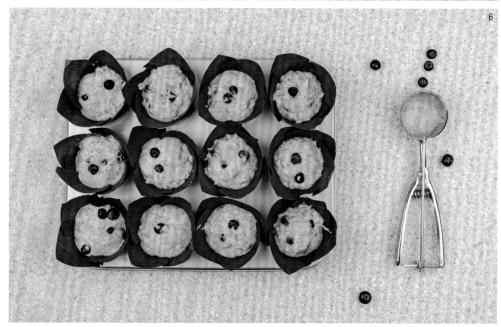

格兰诺拉燕麦水果能量棒
Fruity Granola Bars

准备时间：20分钟
烘焙时间：35分钟
成品：12块

　　这款燕麦棒中含有多种健康美味的原料，可以为你提供午餐前所需的能量，黄油和糖的用量在保证质感和口味的前提下，也已经减到最少。食谱可以根据个人口味做调整，你喜欢的水果干、坚果和果仁都可以替换进来。燕麦片最好选用黏性较强的快熟燕麦片。

250克燕麦片（不要选颗粒特别大的品种）

50克无糖椰丝

75克南瓜子仁或葵花籽仁

50克杏仁片

55克黄油，额外准备一些以涂抹模具

100克黄糖

一小撮盐

160克蜂蜜

85克软的杏干

2汤匙果汁（以苹果汁为最佳），或水

140克浆果和樱桃干（或者用葡萄干或其他水果干）

1

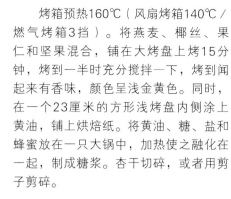

2

3

1

　　烤箱预热160℃（风扇烤箱140℃／燃气烤箱3挡）。将燕麦、椰丝、果仁和坚果混合，铺在大烤盘上烤15分钟，烤到一半时充分搅拌一下，烤到闻起来有香味，颜色呈浅金黄色。同时，在一个23厘米的方形浅烤盘内侧涂上黄油，铺上烘焙纸。将黄油、糖、盐和蜂蜜放在一只大锅中，加热使之融化在一起，制成糖浆。杏干切碎，或者用剪子剪碎。

2

　　将烤过的燕麦片、果仁和坚果放入盛有糖浆的锅中，再加入果汁或水，以及水果干。用刮刀搅拌均匀，确保每种原料都沾上糖浆。将燕麦片放入烤盘中压实，用勺子背面将表面抹平整。

3

　　烘烤35分钟，直到颜色变成金黄色。将成品留在模具中彻底冷却。提起铺在烤盘中的烘焙纸将成品脱模，然后用一把大而锋利的刀把它切成棒状。把燕麦棒用干净的烘焙纸重新包好，放在烤盘或者密封容器中，可以保存一个星期。

焦糖核桃咖啡蛋糕
Caramel & Walnut Coffee Cake

准备时间：25分钟
烘焙时间：20—25分钟
成品：12片

　　作为英式茶馆和咖啡馆菜单中必不可少的一项，这款蛋糕理应在所有蛋糕爱好者的心中占据一席之地。我喜欢用浓郁的咖啡将每一层蛋糕润湿，用皇冠似的焦糖核桃装饰，糖霜也要抹成稍稍华丽的式样。

蛋糕用料

2汤匙速溶咖啡粉，或120毫升浓咖啡

250克软化的黄油，额外准备一些以涂抹模具

50克半球形的核桃

250克特细砂糖，再额外准备2汤匙

5个鸡蛋，室温

2汤匙牛奶

300克中筋面粉

1汤匙泡打粉

¼茶匙盐

糖霜和装饰用料

100克特细砂糖（可选）

50克半球形核桃

1汤匙速溶咖啡粉（或1汤匙浓咖啡）

110克软化的黄油

250克糖粉

1汤匙枫糖浆（可选）

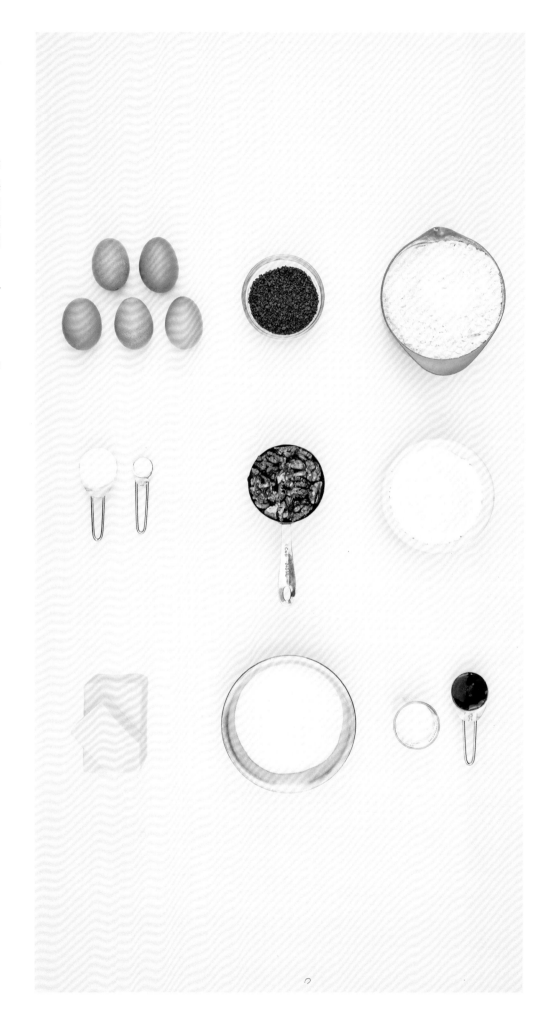

1

烤箱预热180℃（风扇烤箱160℃／燃气烤箱4挡）。如果用速溶咖啡粉，将它用120毫升煮沸的水溶解，并放在一旁冷却。取两个20厘米的圆形活底海绵蛋糕模，内侧均涂抹少许黄油，底部铺上烘焙纸。将核桃切碎。

2

将蛋糕用料中的黄油和糖放进一个大碗中，用电动打蛋器搅打成浅色的奶油状。打入鸡蛋和牛奶。面粉、泡打粉和盐混合后筛在鸡蛋上面，将所有原料搅打成奶油状。

3

用一把刮刀或者大勺，将切碎的核桃和5汤匙冷却的咖啡叠拌入面糊中。

4

将面糊舀入准备好的模具中，两个模具中的面糊要一样多。烘烤25分钟，直到蛋糕膨胀起来，颜色变为金黄，轻压蛋糕可以回弹，用竹签插入中心再拔出不带出任何面糊。

5

让蛋糕在模具中冷却10分钟，然后倒扣在晾架上使底面向上。我喜欢先将底部的烘焙纸揭下，将它铺在晾架上（粘有蛋糕的一面向下），然后再把蛋糕放在烘焙纸上。这样可以防止蛋糕粘在晾架上。将额外准备的糖和剩余的咖啡混合，搅拌至糖完全溶解，然后将咖啡淋在蛋糕上。静置直至蛋糕彻底冷却。

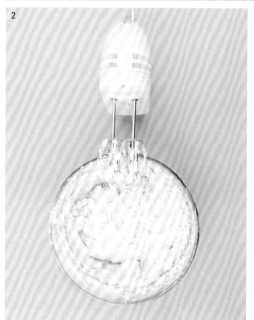

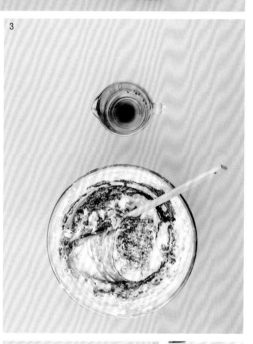

6

蛋糕的糖霜和装饰可繁可简，可依据自己的意愿选择。如果你想用简单的方法做，直接跳到步骤8，用核桃仁加1汤匙枫糖浆作为替代品制作焦糖。如果你和我一样喜欢焦糖，请继续下面的步骤。取一个烤盘铺上烘焙纸。将糖倒入一只小锅中，慢慢加热。刚开始，糖融化得十分不均匀，这个阶段不要去搅拌它，否则糖可能变硬且不透明。

7

小心地转动锅，使锅里融化的糖将尚未融化的糖覆盖住，不时把锅放回火上加热，直至最终形成深铜色，颜色均匀的焦糖。如果这时还有一些糖没有融化，可以快速搅拌一下。将核桃放入焦糖中搅拌，然后用叉子叉起，逐一移至烤盘上等焦糖变硬。焦糖核桃完成后，在锅中加入1汤匙的水，将水煮沸，这样焦糖又恢复了柔软黏稠的质感。

8

如果用速溶咖啡制作糖霜，将速溶咖啡用1汤匙煮沸的水溶解。将黄油搅打成奶油状，然后慢慢加入糖粉。一旦再看不到任何干的糖粉，用打蛋器的高速挡搅打黄油和糖的混合物，直至颜色变浅且质地轻盈。加入咖啡和1汤匙焦糖（或者枫糖浆），继续搅打。

9

两片蛋糕的顶部均涂抹好糖霜，叠放在一起放在盘子上，顶部摆上核桃。这款蛋糕可以在密封容器中保存3天左右。蛋糕层可以冷冻保存一个月，糖霜和果仁也可以提前几天做好备用。

蓝莓肉桂酥粒蛋糕
Blueberry-Cinnamon Crumb Cake

准备时间：30分钟
烘焙时间：35分钟
成品：16块

　　这款蛋糕有淡淡的水果风味，趁蛋糕微热的时候配一点奶油，是与咖啡搭配的首选。蛋糕的面糊是用白脱牛奶做的，因此质地柔软又轻盈，可以借鉴第116页的"小贴士"，将蓝莓换成任何你喜欢的水果。

蛋糕用料

100克软化的黄油，额外准备一些以涂抹模具

150克特细砂糖

200克中筋面粉

1茶匙泡打粉

½茶匙小苏打

¼茶匙盐

2个鸡蛋，室温

1茶匙香草精

125克白脱牛奶（或天然液态低脂酸奶）

1汤匙牛奶

水果层和酥粒用料

1汤匙加1茶匙肉桂粉

4汤匙淡褐色粗粒蔗糖（demerara sugar）

280克蓝莓，新鲜的或冷冻后解冻的均可

4汤匙中筋面粉

一小撮盐

30克黄油，室温

1茶匙糖粉（可选）

1

　烤箱预热180℃（风扇烤箱160℃／燃气烤箱4挡）。取一个23厘米大小的方形浅蛋糕模，内侧涂抹黄油，再铺上烘焙纸。将黄油和糖放入一只大碗中，用电动打蛋器搅打至质感蓬松轻盈。

2

　面粉、泡打粉、小苏打和盐混合后筛入碗中。再加入鸡蛋和香草精。

3

　用电动打蛋器将碗中所有原料搅打混合均匀，然后加入牛奶和白脱牛奶或酸奶继续搅打，直至面糊变得顺滑，像奶油一样。

4

　　将一半的面糊舀入准备好的模具中。把1汤匙肉桂粉和2汤匙浅褐色粗粒蔗糖混合，一半撒在蛋糕上，再撒上一半的蓝莓。然后重复以上步骤，将剩下的另一半面糊、糖和蓝莓，依次放入模具中做出第二层蛋糕。

蓝莓要铺匀

　　为了确保蛋糕层次清晰，在蓝莓上面铺第二层蛋糕糊时一定要小心，因为蓝莓可能会被刮刀带走，全都堆在一起。当你把蛋糕糊涂抹开后，蓝莓就不会再动了。

5

　　制作酥粒层。将面粉、盐、剩下的肉桂粉和浅褐色粗粒蔗糖放入一只大碗中。黄油切成小块后加入面粉中，用手揉搓，直到混合物看起来像细面包屑一样。混合物准备好后，将一部分碎屑捏在一起做成略大一些的酥粒，就像一块一块的饼干面团。

6

　　将酥粒撒在蛋糕表面，烘烤35分钟，直到蛋糕中心向上膨胀起来，颜色金黄，酥粒质地变得酥松。在模具中冷却15分钟，然后提起烘焙纸将蛋糕脱模，放在晾架上彻底晾凉。

7

　　如果你喜欢，可以在蛋糕上筛上一些糖粉，然后切成小方块食用。

桃子酥粒蛋糕

　　将食谱中的蓝莓替换为两个切成小块的桃子。

苹果山核桃酥粒蛋糕

　　将一个果香浓郁的甜苹果切成薄片，和50克切碎的美国山核桃混合，然后像食谱中的水果层一样，铺在蛋糕上。在苹果山核桃层上涂抹一些奶油奶酪，口味会更加丰富醇厚。

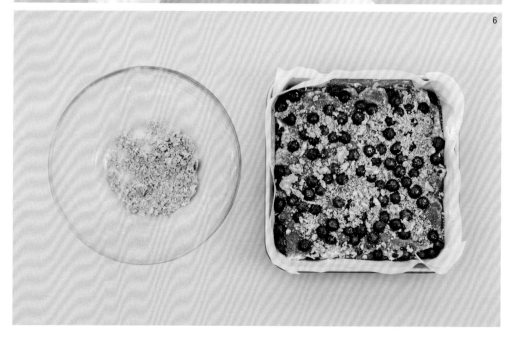

三重巧克力饼干
Seriously Chocolatey Cookies

准备时间：10分钟
烘焙时间：10分钟一盘
成品：20块

　　这款饼干绝对是巧克力饼干的终极之作，原料中甜中带苦的黑糖浆使饼干的外壳酥脆，中心松软，还很有嚼劲。咬一口就会让人上瘾，更不用说用它来做冰淇淋三明治了。制作过程的关键在于，烘烤时间不要超过食谱规定的时间。

175克黑巧克力，可可固形物含量为60%

85克黄油

2个鸡蛋

200克黑棕糖

1大汤匙黑糖浆

1茶匙香草精

185克中筋面粉

1汤匙高品质可可粉

½茶匙泡打粉

¼茶匙盐

50克黑巧克力豆，或切碎的巧克力，用于拌入面糊和撒在表面

100克白巧克力（可选）

1

烤箱预热180℃（风扇烤箱160℃／燃气烤箱4挡），并在需要用到的烤盘中铺上烘焙纸。粗略地切一下巧克力，然后把巧克力和黄油一起放入耐热的碗中，并将它们融化。

融化巧克力

将碗放在一只盛有即将沸腾的热水的锅上（碗口应该正好大于锅的边缘，这样才可以架在锅上），确保碗底没有接触到热水。巧克力融化大约需要5分钟，期间搅拌一两次，直到巧克力完全融化。另一种方法则是用微波炉，高火一次加热20秒，拿出搅拌，再加热20秒再搅拌，重复以上步骤直至巧克力融化。一定要使用耐热的碗，如耐热玻璃碗，否则碗会变得非常烫，还会把巧克力烧焦。

2

将一只鸡蛋的蛋白、蛋黄分离（见第127页），然后将蛋黄、全蛋、糖、黑糖浆和香草精放入一只大碗中。用打蛋器或电动打蛋器搅打约1分钟，直到混合物变得顺滑，颜色变浅。

3

把融化的巧克力和黄油也倒入碗中搅打。

4

在另一只碗中混合面粉、可可粉、泡打粉和盐，然后将混合物筛入巧克力混合物中。用刮刀搅拌均匀，形成柔软的面团，喜欢的话可以再拌入1大汤匙巧克力豆。

5

用汤匙将面团舀到铺好烘焙纸的烤盘上。饼干在烤制过程中会向外扩展，所以每块之间要留足空间。把剩下的巧克力豆按入饼干表面。你会发现面团越放越硬，但没关系，这并不影响制作。

6

如果你想把饼干烤得内心松软、外皮酥脆，需要烘烤10分钟（饼干会膨胀起来，但用手指按压，饼干中心还是非常软的状态），如果烘烤12分钟，饼干会变得更有嚼劲。从烤箱中取出烤盘，让饼干在烤盘上静置几分钟以定型，然后小心地将它们移到晾架上彻底晾凉。

如果你想加白巧克力，用之前的方法将其融化。白巧克力更容易烧焦，一定要额外当心，不要过度加热。将融化的白巧克力淋在饼干上，并让它定型。

7

白巧克力一旦定型，饼干就可以享用了。放入密封容器中，最长可以保存3天。

变换口味

可以尝试在拌入巧克力豆的时候再加入一把切成大粒的夏威夷果，或干脆用夏威夷果替代巧克力豆。也可以随个人喜好加入牛奶巧克力或白巧克力豆；可以加香料，例如¼茶匙的小豆蔻籽；也可以加些葡萄干；如果是为圣诞节准备的点心，在饼干表面撒上些切碎的薄荷糖。如果是为大人们准备的点心，½茶匙现磨黑胡椒会给这款饼干增添温暖的味道，黑胡椒应该和面粉混在一起放（这个小窍门来自我们的一位摄影师丽兹）。

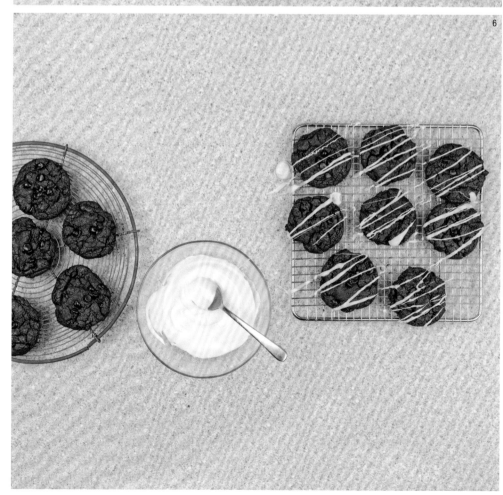

枫糖山核桃肉桂卷
Maple-Pecan Cinnamon Rolls

准备时间：40分钟，发酵以及检视时间另计
烘焙时间：30—35分钟
成品：8个大卷或12个小卷

　　这是我最喜欢的肉桂卷食谱之一。香料和坚果的味道浓郁丰富，卷在其中的奶油奶酪层，很好地平衡了甜度。食谱中的小豆蔻还会为成品增添美妙的斯堪的纳维亚风情。

面团用料

55克黄油，额外准备一些以涂抹烤盘

150毫升牛奶

2个鸡蛋

450克高筋白面包粉，额外准备一些作手粉

2茶匙速发酵母

50克特细砂糖

1茶匙盐

馅料及最后一步的用料

150克美国山核桃

5个小豆蔻荚

1—2茶匙肉桂粉，依个人口味添加

2汤匙糖

100毫升枫糖浆

250克全脂奶油奶酪，室温

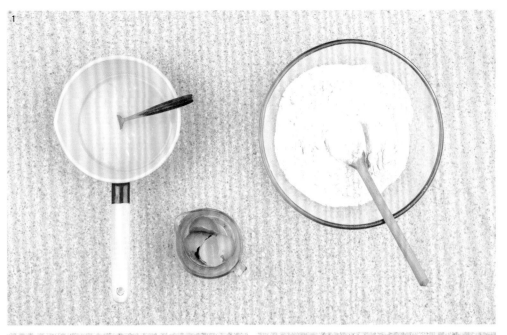

1

用一只小锅把黄油融化，然后倒入牛奶用叉子搅拌，接着放入鸡蛋继续搅拌。将所有的干性原料过筛放入碗中，在中间做出一个小坑。

2

将液体原料一次性倒入干性原料中，用木勺搅拌成表面粗糙质地黏稠的面团。静置5分钟。

3

在工作台上撒些面粉，将面团放在上面。开始揉面，如果需要的话，面团上和手上都可以沾些面粉，但是不要加得太多。如果面团粘得到处都是，用刀将粘在工作台上的面团刮干净，洗净并擦干双手后，多撒些面粉，再开始揉面。揉5—10分钟后，面团变得光滑有弹性，将其放入涂过油的食品袋或碗中，密封起来，放在温暖的地方发酵1小时，直到面团体积增大1倍。

4

等待面团发酵的同时制作馅料。将山核桃切碎（也可以用食品处理机打碎）。敲碎小豆蔻荚，丢掉外壳留下小豆蔻籽。用研钵和杵捣碎小豆蔻籽。将山核桃、香料、糖和4汤匙枫糖浆混合在一起。

5

工作台上再次撒上面粉，然后将完成基础发酵的面团放到工作台上。面团表面撒少许面粉，然后将面团压成长方形的扁片，约25厘米×30厘米。把奶油奶酪涂抹在面团上，注意不要超过面团的边缘。将混合好的山核桃撒在奶油奶酪上，然后紧紧地卷成香肠形，从长边开始卷的话可以分切成12个小卷，从短边开始卷可以分切成8个大一些的卷。如果卷好后看起来不是很均匀，轻拍面团使其变直、变均匀。

6

用一把大的无锯齿刀，沾上些面粉（防止面团粘在刀上），将香肠形的面团卷切成8片或12片。

7

在烤盘内侧多涂抹一些黄油（如果分切成8片，适用23厘米的圆形模具；如果是12片，适用23厘米×33厘米的长方形模具），然后将切好的片塞进模具中。确保每片的接缝处都向内摆放。如果它们在切的过程中挤压变形了，此时可以轻轻拍打它们，拍回原来的形状。

8

盖上涂了油的保鲜膜或者食品袋，然后放在温暖处进行二次发酵，约30分钟。轻轻戳下面团，如果发好了，面团不会回弹。烤箱预热200℃（风扇烤箱180℃／燃气烤箱6挡）。

9

烘烤10分钟后，将烤箱温度降为180℃（风扇烤箱160℃／燃气烤箱4挡），然后再烤20—25分钟（取决于面包卷的大小），直至完全膨胀起来、颜色金黄并彻底烤熟。如果仍不确定是否烤熟，小心地将面包倒扣脱模，用力敲打中心的位置。烤好的面包会发出清脆的回响，颜色也应呈深金黄色。

10

肉桂卷表面上再刷些枫糖浆，在烤好的当天享用。

十字餐包或茶饼
Hot Cross Buns or Teacakes

对食谱做一点调整，向面粉中添加2茶匙综合香料粉，糖的用量改为85克。在步骤3最后，将150克水果干揉进面团中，然后进行基础发酵。去掉馅料。分割成12个小球形进行二次发酵。发酵完成后，在每个小面包上割出十字图案，再刷上蛋液入炉烘烤。烤好后在表面刷上黄金糖浆。吃的时候把每个面包分开，稍微烤一下回温并抹上黄油。

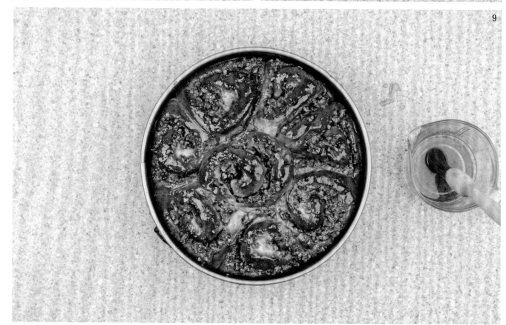

简便烤甜甜圈
Easy Baked Doughnuts

准备时间：30分钟，发酵及检视时间另计
烘烤时间：10—12分钟一盘
成品：8—10个

　　这是一款非常简便无须油炸的甜甜圈。成功的秘诀在于，柔软而富含黄油的面团要在温度极低的情况下分割整形。如果你喜欢肉桂味的甜甜圈，就在糖里加入½茶匙的肉桂粉。如果愿意，还可以在面团上刷上一些蛋液，这样烤出来的甜甜圈外观会类似布里欧修（Brioche）面包。

面团用料

110克黄油

180毫升牛奶

2个鸡蛋

250克中筋面粉，额外准备一些做手粉用

1½茶匙快速酵母

50克特细砂糖

¼茶匙盐

植物油，涂抹用

10个砂糖甜甜圈用料

110克黄油

150克特细砂糖

10个糖霜甜甜圈用料

200克糖粉

5汤匙牛奶

1茶匙香草精

10个糖衣甜甜圈用料

200克糖粉

4汤匙牛奶

1茶匙香草精

几滴食用色素

2汤匙装饰糖粒

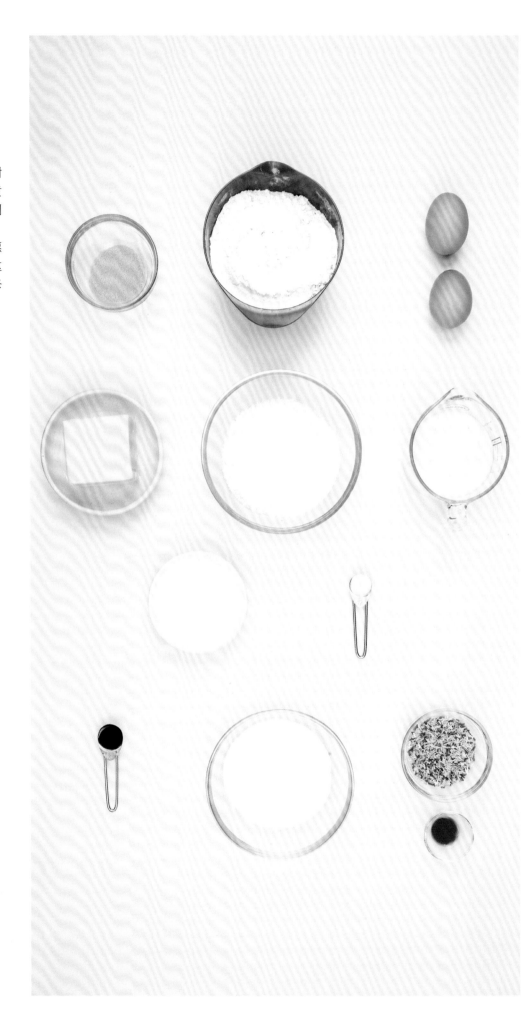

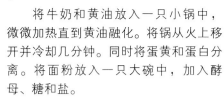

1

　　将牛奶和黄油放入一只小锅中，微微加热直到黄油融化。将锅从火上移开并冷却几分钟。同时将蛋黄和蛋白分离。将面粉放入一只大碗中，加入酵母、糖和盐。

分离蛋黄和蛋白

　　把鸡蛋在锅边上轻轻敲一下。慢慢地沿着敲开的裂痕分开蛋壳，裂口越整齐越好。将蛋黄倒入半个蛋壳中，让蛋白流到下面的碗中。将蛋黄移入另外半个蛋壳中，让其余的蛋白流下来。把蛋黄放入另外的碗里。当心不要戳破蛋黄。

2

　　在黄油牛奶混合物中加入蛋黄，再全部倒入干性原料中，充分搅拌后做出的面团非常湿润像面糊一样。

3

　　现在到了最有意思的部分：用一只手扶住碗，用另一只手尽可能多地抓起面团，然后再放手，让面团落回碗中。重复这个动作大约5分钟，面团会从一开始的半液态变得更加成型，还会变得更光滑，更容易拉伸，但质地仍比普通的面包面团更松散些，这正是上述步骤要在碗中操作的原因。如果你有厨师机，可以用厨师机的钩形头来完成这一步。

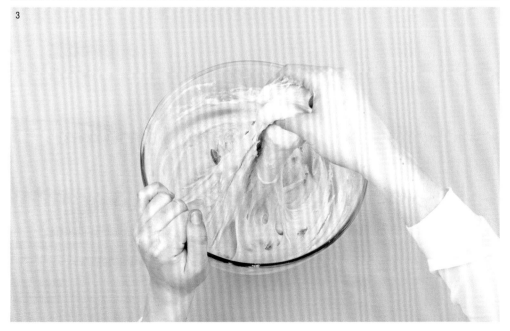

4

　　另取一只碗或者一个大食品袋，内侧涂油。把面团舀到碗中或袋子里，用抹了油的保鲜膜封住碗口，或把食品袋的封口封好，然后把面团放到冰箱中冷藏至少4个小时，直到面团变硬。如果能冷藏过夜更好。面团的体积不会像普通的面包面团一样膨胀1倍。

5

　　准备好两个大号烤盘，铺上烘焙纸。在工作台上撒面粉，然后将面团放在上面。面团上撒上面粉，切成两半，一半放回冰箱中确保面团不变软。用下面3种方法中的任意一种为面团整形，剩下的另一半面团也一样。

1）制作传统环形甜甜圈，把面擀到大约1厘米厚，用一个9厘米或10厘米的圆形模具切出圆形，然后用小一些的圆形模具（我用的是蛋杯）切掉中心的部分。如果你是第一次操作这种面团，我推荐用这种方法整形。将切下的边角料叠在一起，重新擀开后按前面方法继续切。尽量不要揉面，否则面团可能变得过于有弹性或过暖。

2）制作扭扭甜甜圈，将面擀成25厘米×15厘米大小的长方形，然后全部切成大约2.5厘米宽的条。将两条面的一端捏在一起固定，然后开始将它们扭转编成麻花状。最后将两端卷起塞到整形好的面团下面，这样甜甜圈的形状更好看。

3）制作花环甜甜圈，和第2种方法基本一样，面坯扭转成麻花状后，将面团的两端捏在一起做出环形即可。

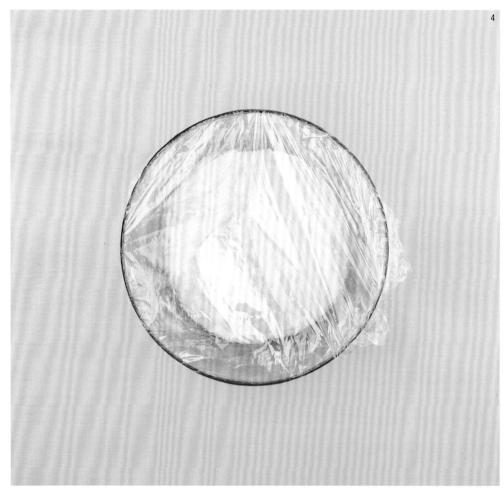

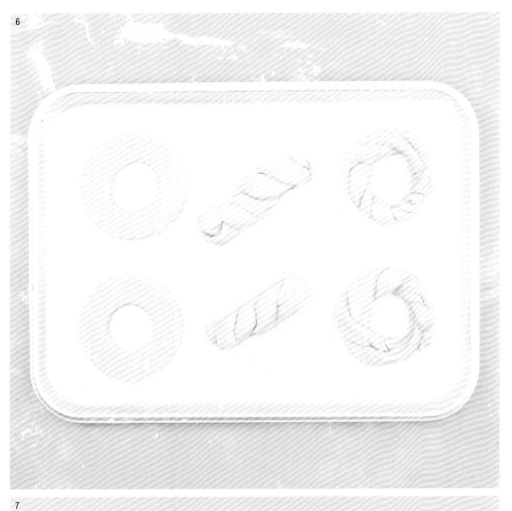

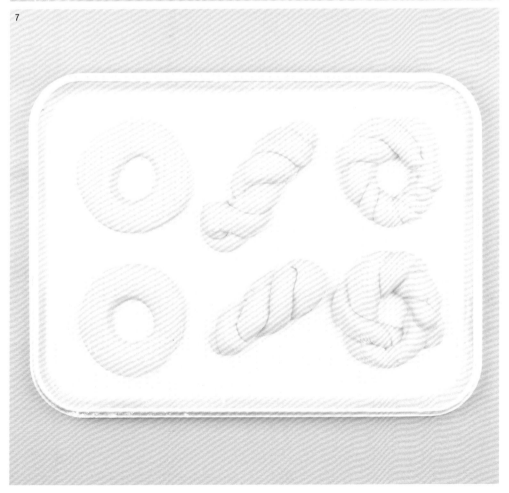

6

把整形好的面团放在铺了烘焙纸的烤盘上，每块面团间留出充足的空间以备二次发酵。松松地盖上茶巾或抹了油的保鲜膜，放在温暖处发酵约30分钟到1小时。待面团膨胀起来，预热烤箱到190℃（风扇烤箱170℃／燃气烤箱5挡）。

7

面团的体积增大约75％，就意味着发酵好了。此时按压甜甜圈的边缘，会留下清楚的手指印。如果没有发好，就再等一会儿。发酵完成的面团很难被拿起移动，所以如果它们发酵得不均匀，转动烤盘而不要尝试去移动每块面团。

8

烘烤10—12分钟，直到颜色呈深金黄色并膨胀起来。同时，准备制作糖霜、糖衣或砂糖所需的原料。制作砂糖甜甜圈的话，用锅把黄油融化，将一半的特细砂糖撒在一只广口碗中。如果制作糖霜甜甜圈，将糖粉筛入碗中，然后慢慢地加入牛奶和香草精搅拌，直到混合均匀且能很好地流动。如果制作糖衣甜甜圈，重复糖霜的制作方法，加入少许食用色素，做成浓稠的膏状。

9

砂糖甜甜圈，要将温热的甜甜圈放入融化的黄油中，沥干多余的黄油，然后放入盛有砂糖的碗中并冷却。当半数甜甜圈都裹上砂糖后，将碗中已经变得油油的砂糖倒掉，加入另一半砂糖后再继续。糖霜甜甜圈，每次只放一个甜甜圈到盛有糖霜的碗中，再用两把叉子将甜甜圈捞出来，将多余的糖霜掸落回碗中，放在晾架上等糖霜干透。糖衣甜甜圈，将甜甜圈放在晾架上，用勺子把糖衣舀到甜甜圈上，再撒上装饰糖粒。

10

甜甜圈要在制作当天食用。制作甜甜圈的面团可以提前几天做好，或者在步骤5整形好之后放在烤盘上冷冻冻硬，再放进容器中冷冻保存，至多可以保存两个星期。食用当天再将冷冻甜甜圈摆放在烤盘上解冻，然后发酵并烘烤。

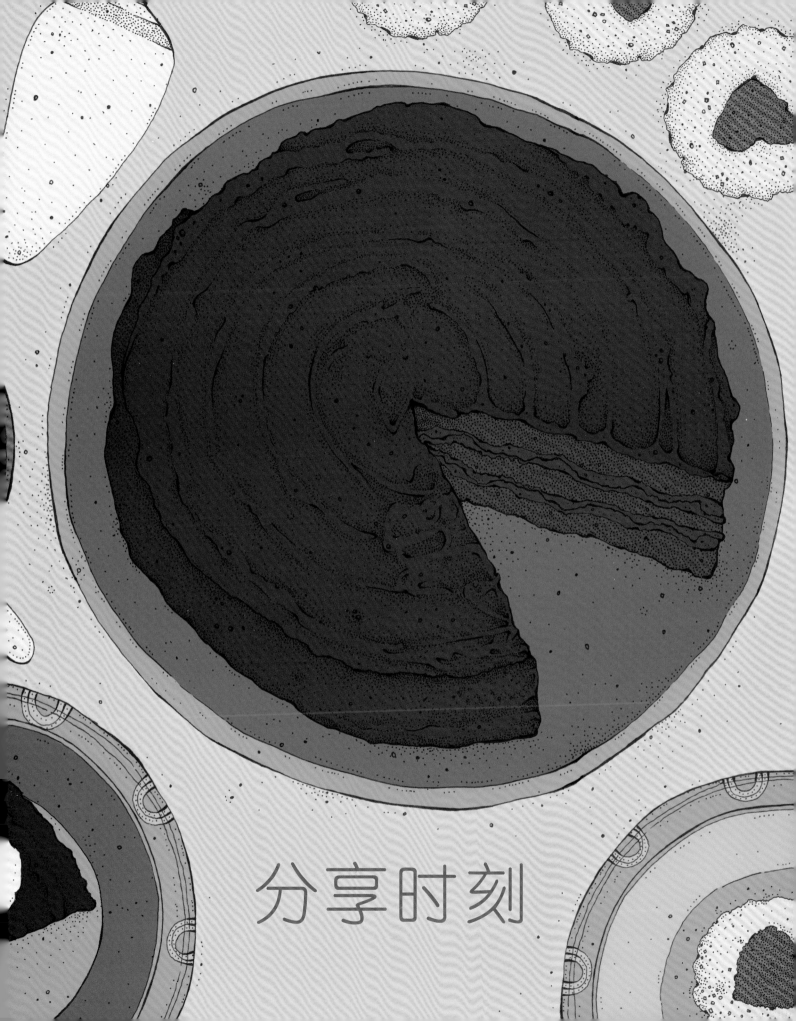

分享时刻

浓情巧克力蛋糕
Chocolate Fudge Layer Cake

准备时间：30分钟
烘焙时间：30分钟
成品：12片

别被这款蛋糕的名字吓到了，其实这是一款美味又简单的糕点，只需要用到两个蛋糕模，再把食材搅拌在一起就可以完成。糖霜更是简单，所有材料都可以提前准备好冷冻起来保存。无论生日派对还是复活节（用巧克力蛋装饰），任何需要经典甜巧克力蛋糕的场合，它都是不二选择。

蛋糕用料

140克黄油，额外准备一些以涂抹模具

350克中筋面粉

40克可可粉

1茶匙小苏打

2茶匙泡打粉

¼茶匙盐

300克黄糖

300毫升牛奶

150毫升植物油

1茶匙香草精

巧克力糖霜用料

1罐400克的炼乳

150毫升高脂厚奶油

200克黑巧克力，可可固形物含量为50％、60％或70％均可，取决于你的口味

50克黄油

1茶匙香草精

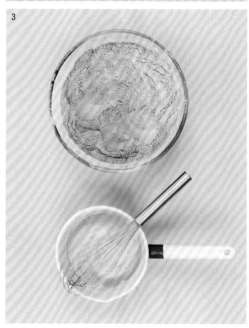

1

烤箱预热180℃（风扇烤箱160℃／燃气烤箱4挡）。把黄油放入小锅中加热融化。同时用额外准备的黄油涂抹两个20厘米的圆形活底海绵蛋糕模内侧，底部铺上烘焙纸。

2

将面粉、可可粉、小苏打、泡打粉和盐混合在一起，筛入一只大碗中。

3

碗中加入黄糖，捏碎结块的糖。把面粉和糖的混合物推向碗的四周，在碗中间做一个小坑。将牛奶、植物油和香草精加入融化的黄油中，用打蛋器搅拌均匀。

4

将液体原料倒入面粉坑中。用打蛋器慢慢将原料混合在一起。混合好后，用打蛋器用力搅打一会儿直至面糊顺滑。用一把刮刀将面糊平均地刮入两个蛋糕模中，并且抹平表面。

5

烘烤30分钟，直到蛋糕膨胀、质地变坚实，四周微微回缩与模具分离。让蛋糕在模具中冷却10分钟，脱模移至晾架上彻底晾凉。如果你想提前把蛋糕准备好，可以把冷却的蛋糕用保鲜膜包好冷藏保存3天，或者冷冻保存一个月。

6

制作糖霜，需要将炼乳和奶油放在小锅里，一边搅拌一边用小火加热，直到锅的边缘开始冒泡。期间要注意观察并一直搅拌，因为炼乳和奶油很容易粘在锅底。将巧克力掰成小块，然后切碎。黄油切成小方块。

7

将小锅从火上移开，加入巧克力、黄油和香草精，放在一边，不时搅拌一下直到全部融化。混合物变凉时会越来越浓稠。不时搅拌一下，直到它彻底冷却。

8

如果要制作4层的蛋糕，需要将每片蛋糕坯横向对半切开。切之前将蛋糕在冰箱中冷藏30分钟，蛋糕会更好切。

轻松切蛋糕

用一把大号锯齿刀，沿蛋糕的"腰线"先划上一圈，切大概2.5厘米深。用一只手转动蛋糕，另一只手拿刀。手要保持稳定，开始入刀切的地方要和出刀切完的地方重合。切的时候刀要小幅度地前后移动，保持刀身与蛋糕表面平行。每切一下，把蛋糕转动几度。切到蛋糕的中心时，第一个蛋糕基本就切好了。重复上述步骤，切第二个蛋糕。切好后发现切面不太平整也没有关系，糖霜可以帮助遮住这些小缺陷。

9

将蛋糕放在盘子里开始抹糖霜，每层间大约需要抹7汤匙糖霜。我喜欢在放蛋糕前，在盘子上先抹上一小块糖霜，这样可以防止蛋糕在盘子上移动。将剩下的糖霜都放在蛋糕表面，抹上厚厚的一层。然后开始将糖霜覆盖整个蛋糕，从表面的中心向边缘抹开，抹到边缘后再向下直到碰到盘子，每次涂抹¼个蛋糕。抹的时候要保持动作的连贯流畅。重复这个动作，直到整个蛋糕都覆上糖霜。

10

可以将糖霜刮平或者制造一些螺旋形的图案，当然就保持原样不加工也可以。把蛋糕在凉爽的地方放置约1小时再切分。蛋糕可以提前装饰好，放在阴凉处保存。

林茨饼干
Linzer Cookies

准备时间：15分钟，冷冻时间另计
烘焙时间：10分钟一盘
成品：大约22块

　　这款可爱的小饼干最适合作圣诞节或情人节的礼品糕点，饼干的中心可以切成圆形、星形或任何应景的形状。黄油面团用途十分广泛，用它制作的饼干不但口感松脆，奶香醇厚，装饰起来也非常精致，适合对糕点外观需求考究的场合（例如生日聚会或准妈妈派对）。

饼干面团用料

175克软化的黄油，额外准备一些以涂抹模具

85克去皮榛子（或用杏仁粉，见第139页"小贴士"）

100克特细砂糖

1个鸡蛋

1茶匙香草精

200克中筋面粉，额外准备一些作手粉

¼茶匙盐

½茶匙肉桂粉

1个小橙子，只磨取橙皮碎屑（可选）

装饰用料

1汤匙糖粉

225克覆盆子果酱（或选用榛子巧克力酱或柠檬酱）

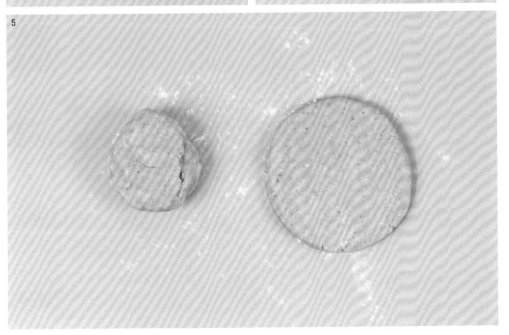

1

烤箱预热180℃（风扇烤箱160℃／燃气烤箱4挡）。取两个烤盘抹上一些黄油，然后铺上烘焙纸。将榛子和1汤匙糖放进食物处理机，磨成粉末。然后倒入碗中。

不要过度研磨坚果

坚果打成粉末状后很容易析出油脂并结块，这样也就不能使用了。用食物处理机的点动功能，同时加入一点糖，可以避免坚果过度研磨。

2

将蛋白与蛋黄分离（见第127页），然后将蛋黄、剩下的糖、香草精和黄油一起放进食物处理机中。

3

把原料用食物处理机搅打在一起，直到混合均匀呈奶油状。

4

加入面粉、盐、肉桂粉和磨碎的榛子粉。如果你想加橙皮碎屑的话，此时将成品擦碎加入食物处理机。然后用点动功能搅拌，直到所有原材料形成一个柔软的圆面团。其间，你也许需要刮一下粘在处理机四壁上的材料，确保所有原料混合均匀。

没有食物处理机怎么办

完全没问题：用85克杏仁粉来替代榛子。将蛋黄、糖、香草精和黄油放入大碗中，用木勺或电动打蛋器搅打，直至混合物颜色变浅呈奶油状。将剩下的原料加入其中，用餐刀搅拌均匀，然后用手揉几下，揉成光滑的面团。

5

工作台表面撒上一些面粉，将面团放在上面，然后把面团分成两块，揉成圆球形。每一块都按扁，成为茶碟大小的圆饼状。用保鲜膜包好放进冰箱冷藏20—30分钟，将面团冻硬，但千万不要冻得像石头一样。

6

工作台上撒些面粉，将冻好的面团放在上面准备擀开。用擀面杖向下压面饼（这样可以展开面团同时避免过度处理面团，过度处理会使面团变硬）。旋转面团，继续压，直到面团变成大约2厘米厚。如果面团上出现裂纹，将它们捏在一起。再将面团擀至约3毫米厚。

7

用一个6厘米圆形波纹饼干模，切出12个圆形饼干坯，然后用一个小的心形或星形饼干模（或管装糖霜的一头切成圆形），将一半饼干坯的中心部分切掉。

8

小心地将整个的圆形饼干放到一个烤盘上，然后有洞的饼干放到另一个烤盘上。将剩下的面团捏在一起（千万不要揉面，揉面会使面团变硬），再擀开并切出更多饼干，直到摆满烤盘。

9

完整的饼干需要烘烤10—11分钟，中心切有图案的饼干烘烤9分钟，直到到所有饼干变成浅浅的金黄色而且有坚果的香味。让饼干在烤盘上静置两分钟，再转移到晾架上彻底冷却。重复上面步骤，烤第二批饼干。

10

用细粉筛将糖粉筛在有图案的饼干表面。在每块完整的饼干上涂抹约1茶匙果酱，然后叠放一块有图案的饼干。成品在密封容器中可保存3—5天，当然最好是食用当天再抹果酱，并把饼干叠起来。

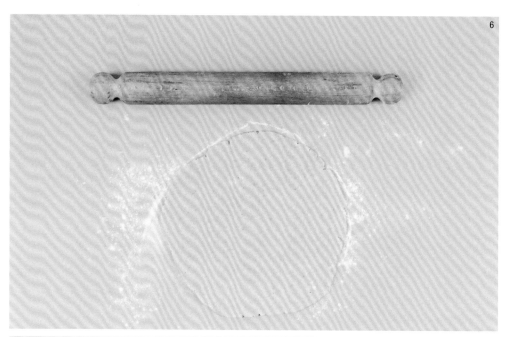

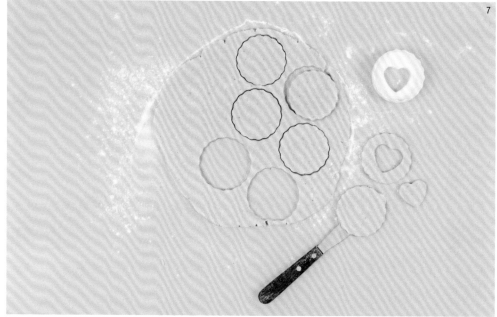

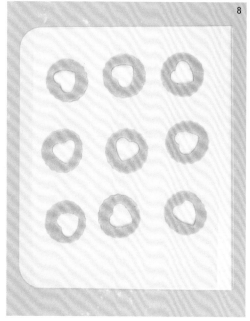

椰子蛋糕
Coconut Layer Cake

准备时间：45分钟
烘焙时间：25分钟
成品：可以切成12块或16块

　　这款蛋糕精致挺拔，覆满糖霜，顶部微微隆起，层层椰子海绵蛋糕之间是丝滑的椰子黄油蛋白霜和柠檬酱（Lemon Curd）夹心。口味没有传统的美式风格椰子蛋糕那么甜，但是如果你喜欢美式风格的，参考第145页的"小贴士"就可以做出来。

蛋糕层用料

50克无糖椰丝

225克软化的黄油

225克特细砂糖

1茶匙香草精

5个鸡蛋，室温

300克中筋面粉

1汤匙泡打粉

½茶匙盐

120毫升全脂椰浆

夹心和装饰用料

5个鸡蛋（只需要蛋白）

300克糖粉

一小撮盐

1茶匙香草精

275克软化的黄油

120毫升全脂椰浆

300克高品质柠檬酱（Lemon Curd）

125克烤过的椰子片

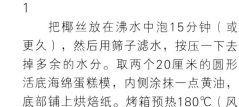

1

　　把椰丝放在沸水中泡15分钟（或更久），然后用筛子滤水，按压一下去掉多余的水分。取两个20厘米的圆形活底海绵蛋糕模，内侧涂抹一点黄油，底部铺上烘焙纸。烤箱预热180℃（风扇烤箱160℃／燃气烤箱4挡）。

2

　　用电动打蛋器将黄油、糖和香草精搅打在一起，直至混合物颜色变浅呈奶油状。搅打过程中不时用刮刀刮净碗的四周。加入一个鸡蛋继续搅打，直至鸡蛋和黄油完全融合，混合物轻盈蓬松。然后再逐一加入其余的鸡蛋。如果混合物开始结块，加入1汤匙面粉就可以使其重新变得顺滑。

3

　　将面粉、泡打粉和盐放入碗中混合均匀。将一半的面粉混合物筛入黄油鸡蛋混合物中，然后用刮刀或大金属勺将它们叠拌在一起。再倒入椰浆搅拌，叠拌入剩余的面粉，最后加入沥干的椰丝。

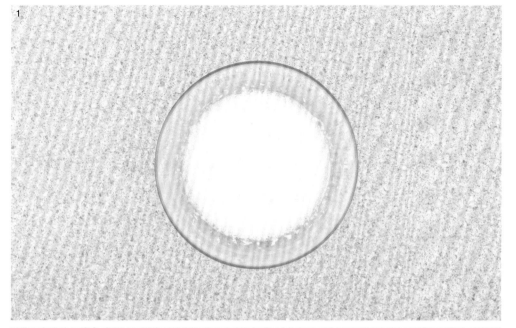

4

用刮刀将面糊平均分成两份，分别倒入两个模具并抹平表面。

捷径

如果赶时间，也可以将所有原料放在一起，一次性搅拌（见第8页），此时需要额外加入1茶匙小苏打。

5

烘烤25分钟，直到蛋糕膨胀、质地变得坚实，四周微微回缩和模具分离。让蛋糕在模具中冷却10分钟，然后脱模彻底冷却。

6

要制作4层的蛋糕，需要把每个蛋糕横向对半切开。用一把大号锯齿刀，沿蛋糕的"腰线"先划上一圈，然后边切边慢慢平滑地转动蛋糕（详细做法见第136页）。

需要多多练习

如果你的蛋糕总是不能切得平整均匀，不用担心，糖霜可以盖住这些小缺陷。切蛋糕之前，你可以试着将牙签等距离插入蛋糕作为切的标记。牙签不仅可以帮你切得均匀，还可以在你稍后把蛋糕叠起来的时候，告诉你它原来的位置。

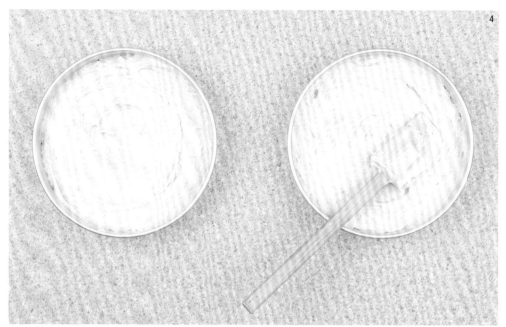

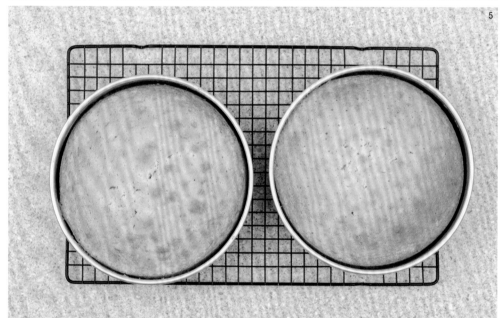

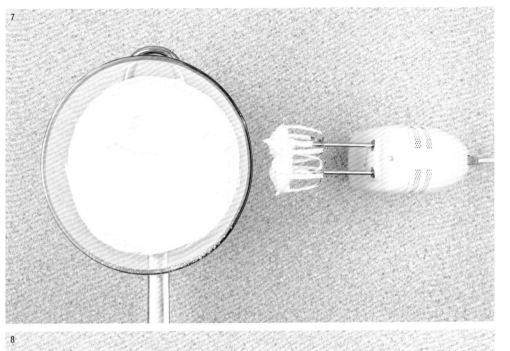

7

　　将电动打蛋器彻底擦干净。要制作糖霜，在中等大小的锅中倒入5厘米深的水，加热至即将沸腾后离火。将蛋白和蛋黄分离，然后将蛋白放入一只确保无油无水的大号耐热碗中（尺寸要足以架在锅上），并筛入糖。加入一小撮盐，用电动打蛋器搅打均匀。将碗放在锅上，然后打发蛋白，大约需要7分钟，直到蛋白非常浓稠且有光泽。蛋白要浓稠到把一把茶匙插进蛋白，茶匙可以直立不倒。然后加入香草精搅打均匀。

7分钟糖霜

　　如果你喜欢用传统的7分钟糖霜来做装饰蛋糕，那么它已经做好了。完成后最好马上涂抹在蛋糕上，待其定型后再分切。

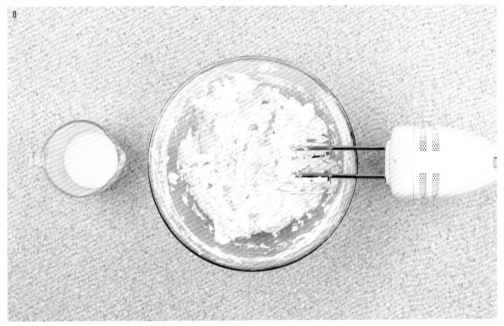

8

　　将蛋白霜舀到一只冰冷的碗中，再搅打几分钟直到它恢复室温。不要倒掉锅里的热水，也许一会儿还会用到。将软化的黄油放入蛋白霜中搅打，每次放1汤匙黄油，当黄油完全消失与蛋白霜融合，再放入1汤匙黄油。你会发现混合物的体积一开始会减小，而且质地变得疏松，但是很快它的体积便开始增大，并持续增长。

9

　　在不断加入黄油的过程中，糖霜的质地会突然从疙疙瘩瘩变得丝滑浓稠。当所有的黄油都加入后，再缓慢加入椰浆搅打。搅打的过程中如果混合物开始结块，将碗放在热水上待几秒钟，结块就会软化了。

蛋白奶油霜

制作蛋白奶油霜比制作普通奶油霜费时，但绝对值得，它能让蛋糕看起来高贵奢华。如果加入融化的黑巧克力（冷却的）来替代椰浆，也会非常美味。蛋白奶油霜很天然，还可以提前几天就做好，放进冰箱冷藏，用之前重新搅打就可以了。用它做裱花也非常顺滑。

10

现在你已经为组装蛋糕做好准备。将一层蛋糕放在盘子上，涂抹上一半的柠檬酱。将第二层蛋糕放在上面，将约175克糖霜均匀涂抹在蛋糕表面，要一直涂到边缘。放上第三层蛋糕并抹上柠檬酱。

11

把最后一层蛋糕放在顶部，然后将剩余的糖霜涂抹在整个蛋糕上，用抹刀将糖霜抹光滑。先把糖霜堆在蛋糕顶部，然后向四周和侧面涂抹。将椰子片按进蛋糕四周的糖霜中，再将剩余的撒在表面上。

自己烤椰子片

将椰子片撒在一个有边的大烤盘上。用180℃（风扇烤箱160℃／燃气烤箱4挡）烘烤5分钟，中途搅拌一下，烤到椰子片微微上色。

12

将散落在盘子里的椰子片清干净，上桌前把蛋糕放在凉爽的地方保存。赶时间的话可以放进冰箱冷藏，但食用前要提前取出回温。

南瓜派
Pumpkin Pie

准备时间：1小时，包括盲烤，冷冻时间
另计

烘焙时间：45分钟

成品：12块

　　南瓜派在美国是必不可少的秋季甜品，这款南瓜派的外形精巧，味道丰厚，派皮也非常酥脆。吃的时候配上一些酒味枫糖奶油，和南瓜的味道是绝配。

油酥皮用料

一些中筋面粉，用作手粉

1块甜黄油酥皮（见第210页），或用350克市售油酥面皮

馅料

3个鸡蛋

100克黄糖

50克特细砂糖

1茶匙香草精

1½茶匙肉桂粉，1½茶匙姜粉，½茶匙豆蔻粉混合

120毫升高脂厚奶油

120毫升牛奶

2汤匙枫糖浆，或2汤匙糖

1罐425克的罐装南瓜泥

一小撮盐

奶油用料

150毫升高脂厚奶油

1汤匙枫糖浆

1汤匙波本威士忌或普通威士忌

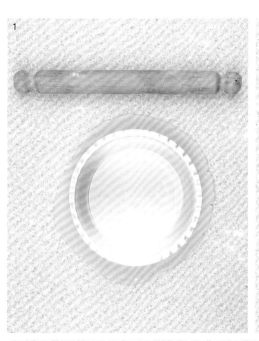

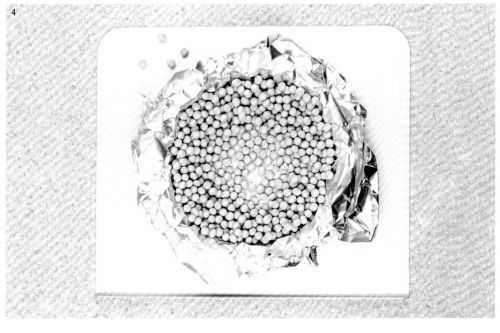

1

　　工作台上撒上少许面粉，然后将油酥面擀开，大小要足够铺满一个23厘米的派盘（有边缘的最好）。用派盘作为标准来擀派皮，派皮擀得越圆越好。如果需要，请参考第193页擀圆形的技巧。

2

　　你可以用擀面杖把派皮提起移到派盘里，或者试试这种方法：派皮表面撒上一些面粉，然后把派皮对折，再对折。提起派皮放进派盘，再展开。

派皮破了怎么办？

　　如果你的油酥面皮在烤之前撕裂或者有洞，都不需要担心，只要把它重新按压在一起就行。如果烤后出现裂纹或者洞，可以将一小块余下的面皮弄湿，把裂痕或洞小心地修补平整。

3

　　沿派盘的边缘按压派皮，然后用锋利的刀切掉超过模具边缘的部分。用叉子在底部戳洞，要戳透碰到派盘。如果你喜欢，可以把边缘捏出花边，用拇指和食指将派皮推起，捏成形如"V"字的锯齿纹。派皮边缘捏好花纹后，放入冰箱冷藏15分钟，如果时间充裕可以冷藏更久。

4

　　烤箱预热190℃（风扇烤箱170℃／燃气烤箱5挡）。将派盘放在烤盘上，撕下一块铝箔纸盖在派皮上，大小要可以覆盖整个派皮，包括派皮边缘。把烘焙豆倒入盖住派皮底部，靠近派皮边缘的一圈多堆一些。烘烤20分钟。

5

把铝箔纸提起查看派皮。如果派皮看起来已经烤干且定型，就可以把盖在上面的烘焙豆和铝箔纸挪开。如果没有烤好，就再烤5分钟。烤好后，小心地把非常烫的烘焙豆舀出来，挪开铝箔纸。然后再烘烤15—20分钟，直到派皮呈现金黄色，质地变得酥松。如果边缘在底部烤好前就上色了，用铝箔纸把边缘盖住。

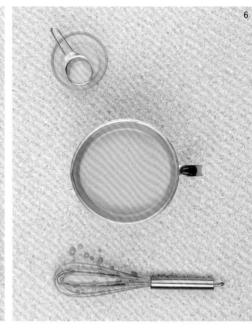

6

在烤派皮的同时制作馅料。打散鸡蛋，留出1汤匙鸡蛋液稍后用于刷派皮。将其他馅料加入和鸡蛋一起搅打，做成质地较稀的蛋奶羹状。

家庭自制南瓜泥

在家制作南瓜泥，要先将切成大块的南瓜沾上一点儿油，用200℃（风扇烤箱180℃／燃气烤箱6挡）烤30分钟，直到南瓜变软，还可以用微波炉煮南瓜。将南瓜碾成泥或很小的碎块，然后过筛，过筛后的南瓜泥会非常顺滑。南瓜泥冷却后，取425克和其余原料一起做成馅料。

7

由于南瓜馅料含水量较高，在倒入馅料前，需要用蛋液将派皮封住。用之前留出的1汤匙蛋液涂刷整个派皮，然后再烤两分钟，直到派皮有光泽。

8

将烤箱的烤架拉出来一点。把馅料倒入派皮里，不要让馅料流出来，然后再把烤架推回烤箱。

9

烘烤45分钟，直到馅料的边缘微微膨胀、中间还可以轻微晃动。将派留在模具中冷却。现在制作奶油，只需将所有原料放在一起搅打，打到微微变浓稠即可。

10

南瓜派可以常温或冷藏后享用，配上酒味枫糖奶油。

梨子山核桃太妃蛋糕
Sticky Pear & Pecan Toffee Cake

准备时间：20分钟
烘焙时间：50分钟
成品：可切成12块

很多烘焙师都梦想开一间出售美味蛋糕和优质咖啡的小咖啡馆。我印象中，一到秋天我每天都会制作这款蛋糕，原料可换用李子、苹果，节日期间还可选择蔓越莓。把它放在这一章，是因为我可以想象在圣诞节时，用这款皇冠形的蛋糕装点餐桌的情景。

蛋糕用料

150克软的去核椰枣

225克软化的黄油，额外准备一些以涂抹模具

150克美国山核桃

2个中等大小、成熟的梨

200克黄糖

4个鸡蛋，室温

4汤匙牛奶

300克中筋面粉

1茶匙小苏打

1茶匙泡打粉

2茶匙肉桂粉或综合香料粉

¼茶匙盐

太妃糖糖霜用料

100克黄糖

2汤匙黄油

100毫升高脂厚奶油

50克美国山核桃

首先，将椰枣放入沸水中浸泡。浸泡约15分钟或更久一些。同时，烤箱预热160℃（风扇烤箱140℃／燃气烤箱3挡），并将其余准备工作做好。融化一点点黄油，用小刷子将一只25厘米的邦特（bundt）蛋糕模内部刷上黄油。

没有邦特（bundt）蛋糕模?

用邦特蛋糕模可以烤出质地完美、形状特别的蛋糕，但是用一个23厘米×33厘米，内侧涂油并铺好烘焙纸的模具，一样可以烤出理想的蛋糕。用160℃（风扇烤箱140℃／燃气烤箱3挡）烘烤40分钟，直到蛋糕中心膨胀起来，插入竹签再拔出后表面干净即可。

2

用食物处理机把山核桃切碎，倒出来备用。梨子去皮，然后切成手指尖大小的块，梨核的部分丢掉不用。

3

将椰枣放入筛子中滤去水分。将黄油和糖放进食物处理机，搅打成顺滑的奶油状，然后放入椰枣，打碎后一同搅拌均匀。此时加入鸡蛋、牛奶、面粉、小苏打、泡打粉、肉桂粉和盐，一起用食物处理机做成顺滑的蛋糕糊。

没有食物处理机

用食物处理机做这款蛋糕特别容易，但手工操作也可以完成。将山核桃和浸泡过的椰枣切碎，切得越碎越好，接近泥的状态。将椰枣和其他原料放在一只大碗中混合，搅打至混合物质地顺滑，呈奶油状。将山核桃和梨拌入其中，继续下面的步骤。

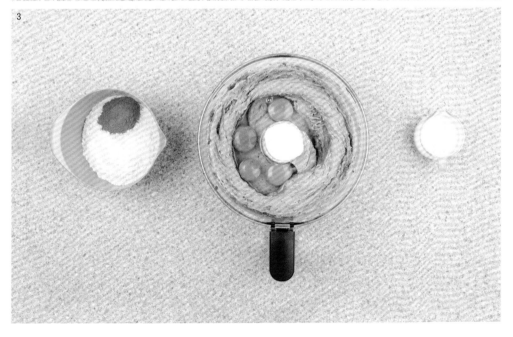

4

除非你的食物处理机容量特别大，否则此时你需要把蛋糕糊倒入大碗中，然后加入切好的山核桃和梨子。如果你的食物处理机有足够的空间，确定在加入山核桃和梨子搅拌前把刀片取出来。将蛋糕糊舀到准备好的模具中，并抹平表面。

5

烘烤50分钟，直到蛋糕整个膨胀起来，插入竹签后再拔出，竹签表面干净无面糊。让蛋糕在模具中冷却至少10分钟，然后在工作台上用力敲打模具，再脱模。如果你想等蛋糕凉了再吃，就扣在晾架上继续冷却，如果想热的时候就吃，脱模时可以直接扣在盘子上。

6

制作太妃糖霜，需要将糖、黄油和奶油放进一只中等大小的锅里。慢慢加热直到糖完全融化，保持微微沸腾的状态直到混合物形成顺滑的焦糖酱。

7

将山核桃放入焦糖酱中，然后将酱汁舀到整个蛋糕上。酱汁冷却后会变硬且失去光泽，不过冷却后更容易切分。

8

这款蛋糕可以放在密封容器中保存3天，没加糖霜前，还可以冷冻保存。

试试这个

制作两倍量的太妃糖酱，作为一款特别的甜点，趁酱汁和蛋糕还温热的时候上桌。同时再配上奶油或奶油香草膏也会很不错。

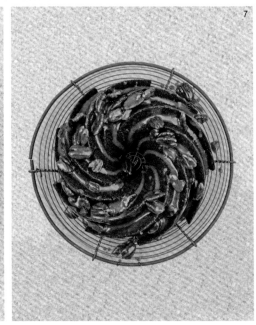

糖霜杯子蛋糕
Frosted Cupckes

准备时间：25分钟
烘焙时间：18—20分钟
成品：12个杯子蛋糕

　　每次上烘焙课，学生们总是最想学装饰精美的杯子蛋糕。想做好杯子蛋糕确实需要多练习，但想和专业人士一样用糖霜作出螺旋图案并不难。这个食谱中所用的白巧克力糖霜，不但调味、上色和裱花都很容易，还让经典配方一下成为了升级版。如果觉得这个糖霜太花俏，可以参照第46页的食谱制作普通的奶油霜，只需将食谱的量翻一倍即可。

杯子蛋糕用料

175克黄油

150克白脱牛奶或液态低脂原味酸奶

4个鸡蛋

1茶匙香草膏或香草精

150克中筋面粉

2茶匙泡打粉

¼茶匙盐

175克特细砂糖

100克杏仁粉

白巧克力糖霜用料

120毫升高脂厚奶油

100克白巧克力

175克软化的黄油

½茶匙香草膏或香草精

一小撮盐

250克糖粉

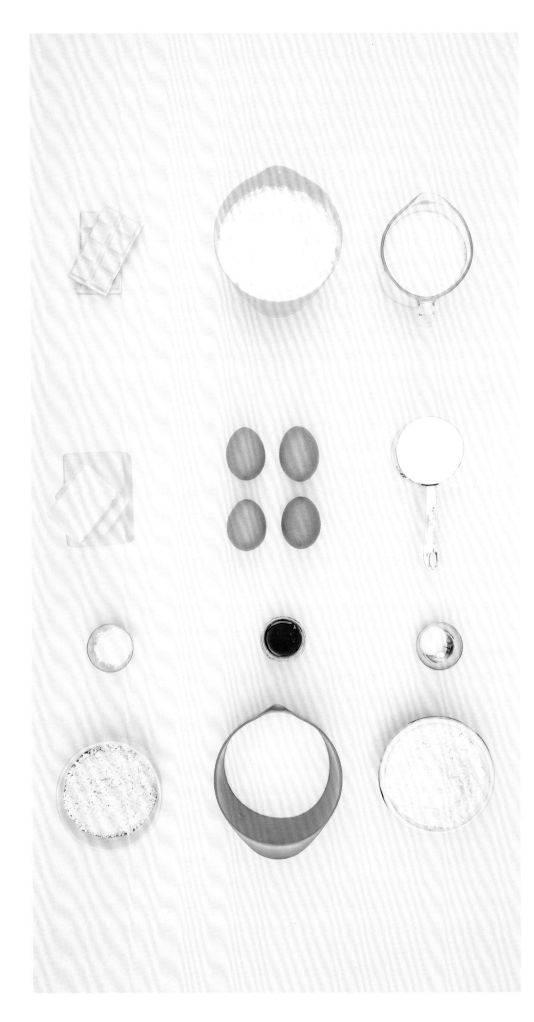

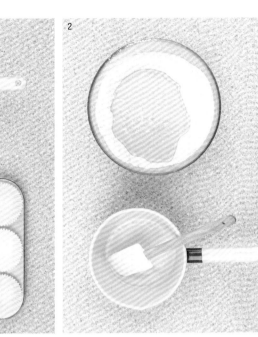

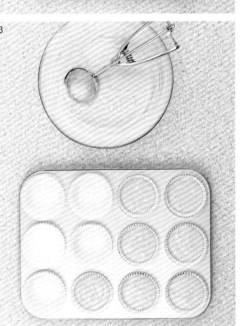

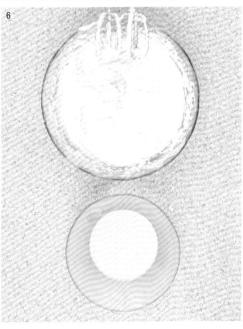

1

　取一个12连麦芬模，放上深纸杯。烤箱预热190℃（风扇烤箱170℃／燃气烤箱5挡）。黄油放入锅中融化后离火，放在一旁稍稍冷却。将白脱牛奶倒入黄油搅拌，再加入鸡蛋和香草精。用叉子将它们搅打均匀。

2

　将面粉、泡打粉和盐混合在一起，筛入一只大碗中。将糖和杏仁粉也加入碗中搅拌。在中间做出一个小坑，然后将黄油混合物倒入小坑里。

3

　用刮刀或打蛋器将碗中的原料快速混合，直到顺滑没有结块。用冰淇淋勺将面糊舀到纸杯中，或者端起碗在模具上方用其他勺子把面糊舀进模具。纸杯模应基本被填满。

4

　烘烤18—20分钟，直到蛋糕均匀膨胀起来，颜色呈棕金色，并能闻到甜味。牙签插入模具中间的杯子蛋糕，拔出后表面干净。冷却5分钟，然后转移到晾架上彻底晾凉。

5

　制作糖霜，需要将奶油放到小锅中加热，直到锅的边缘开始冒泡。同时将巧克力粗粗切碎，放入一只小碗中。将热奶油倒在巧克力上，让巧克力融化，偶尔搅拌一两下。放凉备用。

6

　将黄油放入一只大碗中，搅打至奶油状，加入香草精和盐搅打，再逐渐加入糖粉搅打，直到奶油霜质地逐渐轻盈，颜色变浅。一点一点地将冷却的巧克力加入奶油霜中，然后继续搅打，做好的糖霜应该非常轻盈顺滑。如果糖霜太软，就多加些糖粉。

7

在杯子蛋糕上先放上2汤匙糖霜，用抹刀抹开。要做出光滑的斜面，将杯子蛋糕用一只手顺时针旋转，另外一只手拿抹刀，与蛋糕的表面保持一定角度，沿逆时针方向抹糖霜。完成后，将抹刀插入顶部的糖霜中，继续按之前的方法旋转，在蛋糕顶部做出一圈类似山脊的形状。进行每个动作前，都要把抹刀在碗边刮干净。

8

裱玫瑰花，要把裱花袋底部2.5厘米左右的位置剪掉，放入一个2D玫瑰花裱花嘴。裱花袋填入糖霜，不要填得过满，糖霜不应超过裱花袋容量的一半。把裱花袋顶部旋转几下，方便挤压糖霜。从蛋糕的中间位置开始，然后按螺旋方向裱从内向外旋转做出花形。尽量用力均匀，保持裱花袋竖直向上。如果做错了，就把糖霜刮下来放回碗中（不要带进蛋糕屑），再继续试着做。每完成一个裱花，拧紧裱花袋顶部来增加压力，方便下一次操作。

巧克力奥利奥杯子蛋糕

在面糊中加入125克面粉和3汤匙可可粉。用黑巧克力替代白巧克力制作糖霜，或者把碎奥利奥饼干加入白巧克力糖霜中。顶部装饰半块奥利奥饼干。

花生酱杯子蛋糕

用3汤匙花生酱替换蛋糕糊中的3汤匙黄油。糖霜中，把巧克力和奶油替换为175克顺滑的花生酱。顶部装饰一颗花生牛奶巧克力。

开心果杯子蛋糕

用食物处理机磨碎150克去壳开心果，取100克加入面糊中以替代杏仁粉。在糖霜中加些绿色食用色素，使糖霜变成浅绿色。抹上糖霜后，蛋糕顶部撒上剩余的开心果。

红丝绒无比派
Red Velvet Whoopie Pies

准备时间：20分钟
烘焙时间：10分钟一盘
成品：24个无比派

　　如果想在杯子蛋糕的基础上做些变化，无比派会是个不错的选择。这款夺人眼球的蛋糕特别适合在万圣节或情人节制作。和传统的无比派不同，这款无比派就像它的名字红丝绒一样，既柔软又精致。如果你介意，也可以不加食用色素，让它保持浅巧克力色的本色。

面糊用料

175克软化的黄油，额外准备一些以涂抹模具

200克特细砂糖

1茶匙香草膏或香草精

250克中筋面粉

25克可可粉

1½茶匙小苏打

½茶匙泡打粉

¼茶匙盐

3个鸡蛋

125克白脱牛奶

1茶匙红色食用色素

馅料和装饰用料

175克软化的黄油

400克全脂奶油奶酪，要冷的

1茶匙香草膏或香草精

150克糖粉

50克白巧克力

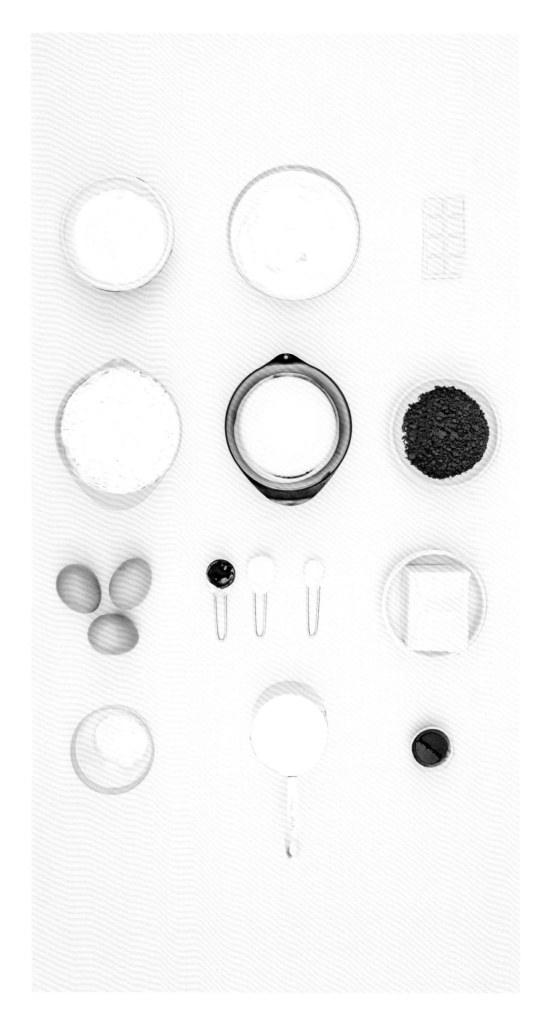

1

　　烤箱预热180℃（风扇烤箱160℃／燃气烤箱4挡）。取两个烤盘，涂一些黄油并铺上烘焙纸。将黄油、糖和香草精放入一只大碗中，用电动打蛋器或木勺搅打，直到混合物变得轻盈且成奶油状。

2

　　面粉、可可粉、小苏打、泡打粉和盐混合后筛入另一只碗中。把鸡蛋、白脱牛奶和食用色素加入盛有黄油和糖的碗中。

3

　　将面粉混合物筛入大碗，然后搅打成顺滑，呈鲜红色的面糊。面糊很快就变得浓稠有黏性。

4

　　将面糊舀到准备好的烤盘上，每一勺都要均匀，目标是做出48个面糊球，大约1大茶匙一球。面糊在烘烤时会展开，因此每个面糊球之间要留足空间。我用小号饼干勺舀面糊，以确保每一个都是一样的圆形，也可以用手指给面糊整形，或用裱花袋挤面糊。需要分几批将全部面糊烤完。

5

　　无比派需要烘烤9—10分钟，直到面糊膨胀起来，按压时感觉很结实，但还没有变得松脆便是烤好了。将它们留在烤盘上冷却几分钟，然后转移到晾架上彻底晾凉。

6

制作夹心馅料，需要把黄油放入一只大碗中，用电动打蛋器搅打成非常顺滑的奶油状。加入奶油奶酪和香草精，简单搅打几下让它们混合均匀。此时将糖粉筛入碗中，再搅打几秒钟直到馅料顺滑，也可以用刮刀搅拌。如果室温较高，在等无比派冷却的过程中，馅料需放进冰箱冷藏。

7

等无比派冷却了，把馅料涂抹或挤在蛋糕平的一面，馅料可以多放些，然后将另外一半蛋糕放在馅料上，轻轻挤一下，让馅料从边缘挤出来一些。

8

将白巧克力磨碎，然后把无比派的边缘在巧克力上滚一下，巧克力会粘在馅料上。

9

无比派最好在制作当天食用，不要放太久。可以放入冰箱中冷藏保存，但吃的时候要放回室温。如果你不马上给它们填馅，保存前应在蛋糕之间垫上烘焙纸。

香蕉太妃无比派

将一根香蕉压成泥，加入乳化的黄油和糖的混合物。用2个鸡蛋和280克面粉，去掉可可粉。填馅时，在馅料上加一大茶匙焦糖牛奶酱，然后用黑巧克力代替白巧克力粘在馅料四周。

南瓜无比派

用250克黄糖。将250克南瓜果泥加入乳化的黄油和糖混合物中。用2个鸡蛋，280克面粉（替代掉可可粉）和1汤匙综合香料粉。在馅料中加入1个橙子的橙皮碎屑。

香草庆典蛋糕
Vanilla Celebration Cake

准备时间：约1小时15分钟
烘焙时间：1小时30—40分钟
成品：20个，或更多（见第10页）

　　我经常受邀为婚礼、结婚纪念日和生日制作蛋糕，因此特别理解做庆典蛋糕时所承受的压力。要做出口感好、外形精致、方便保存且容易切分的蛋糕，一款可靠的食谱必不可少。这款周身覆盖着奢华白巧克力糖霜的蛋糕，非常值得尝试。

蛋糕用料

350克软化的黄油，额外准备一些以涂抹模具

6个鸡蛋，室温

350克特细砂糖

1茶匙香草膏

385克中筋面粉

1汤匙加1茶匙泡打粉

4汤匙玉米淀粉

½茶匙盐

300克白脱牛奶

糖浆用料

50克糖

½茶匙香草膏

糖霜用料

350毫升高脂厚奶油

175克白巧克力

350克软化的黄油

1茶匙香草膏

¼茶匙盐

650克糖粉，可能会需要更多

1

　　烤箱预热160℃（风扇烤箱140℃／燃气烤箱3挡）。取一个23厘米圆形活底锁扣模或普通23厘米圆形深蛋糕模，铺上两层烘焙纸（见第177页）。将3个鸡蛋的蛋白和蛋黄分离，蛋白加入3个全蛋中。（这个食谱中不需要分离后的蛋黄）

2

　　用电动打蛋器，将黄油、糖和香草膏搅打成浅色的奶油状。加入一点蛋液，然后搅打直至混合物蓬松轻盈。重复这个动作，直到加完所有的蛋液。如果黄油鸡蛋混合物开始结块，加入1汤匙面粉搅打。

3

　　在一个碗里混合面粉、泡打粉、玉米淀粉和盐。将一半面粉混合物筛入黄油鸡蛋混合物中，叠拌均匀，再加入白脱牛奶搅拌。继续加入余下的面粉，做出顺滑黏稠的蛋糕糊。

4

　　将蛋糕糊舀入模具并抹平表面。中心位置应稍微下陷，这样可以防止蛋糕膨胀起来后，中心部分鼓起太多。

5

　　烘烤1小时30—40分钟，直到蛋糕膨胀起来，颜色金黄，中心插入竹签再拔出后表面干净无面糊。查看时要特别留心，因为如果没烤熟的话，蛋糕会回缩或看起来特别厚重。同时，制作糖浆：把糖、3汤匙水和香草膏放进锅中小火加热，直到糖完全溶解。从烤箱取出蛋糕后，让蛋糕在模具中放到温热，然后在蛋糕上扎25个洞，要扎透。慢慢将糖浆用勺子浇在蛋糕上，每次浇完一勺糖浆后让蛋糕吸收一会儿再浇下一勺。然后让蛋糕在模具中彻底冷却。完成后用保鲜膜包起来，可以冷冻保存一个月。

6

制作糖霜，需要将奶油倒入小锅中加热，直到边缘开始冒泡。将白巧克力切成小块放入一只小号耐热碗中。把热奶油倒在巧克力上，让巧克力融化，不时搅拌一下，直到融化成为顺滑的混合物。然后彻底冷却。

7

将黄油、香草膏和盐放入一只大碗中，充分搅打直至混合物顺滑呈奶油状，然后慢慢地加入糖粉搅打，做出轻盈的奶油霜。缓缓地将冷却的白巧克力倒入奶油霜，搅打成丝绸般顺滑的浅色糖霜。如果糖霜太软，就添加一点糖粉。

8

用大锯齿刀将蛋糕横向均匀切分成3层（见第146页）。切好后再叠放在一起，每层之间抹上200克糖霜。

9

现在我们要在蛋糕表面覆盖上一层"蛋糕屑外衣"（crumb coat），它可以盖住蛋糕表面的碎屑，帮助你抹出完美的糖霜。将250克糖霜堆在蛋糕上，然后在蛋糕顶部和四周抹开，一直抹到碰到盘子。在抹时，尽量不要将抹刀从蛋糕上提起，动作要流畅。表面抹平滑后放入冰箱冷藏10分钟，使奶油霜变硬。

10

将剩下的糖霜像刚才一样抹在蛋糕上。如果这一步对你来讲有难度，也可以不用把糖霜抹得太平整光滑。放在凉爽的地方（如果天气很热就放进冰箱）让糖霜稍稍定型。蛋糕可以被包起来并冷藏保存两天；食用之前需要让蛋糕回温。如果要在蛋糕上放上鲜花，将你最喜欢的花朵捆扎在一起，用保鲜膜将尾部包裹起来，然后将其插在做好的蛋糕顶上或边上。

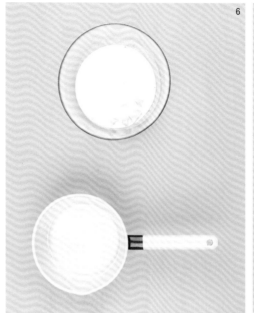
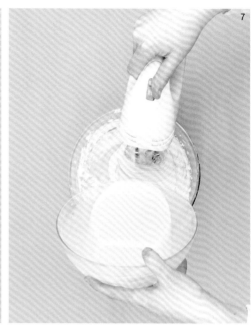

巧克力榛子树桩蛋糕
Chocolate Hazelnut Log

准备时间：35分钟，冷藏时间另计

烘焙时间：15分钟

成品：8—10人享用

　　这款蛋糕是传统圣诞树桩蛋糕的变形款，是圣诞节的最佳甜点，孩子们也会乐于参与进来。这款特别的蛋糕平时也可以做，完全不需要等到圣诞节；如果从短边卷，蛋糕卷会变得胖乎乎的。可以将食谱中的60％黑巧克力替换为可可固形物含量为70％的黑巧克力，也可以配上各类浆果食用。

蛋糕用料

少许黄油，用于涂抹模具

6个鸡蛋，室温

150克黄糖

1汤匙中筋面粉

一小撮盐

50克高品质可可粉，额外准备2汤匙卷蛋糕用

馅料

200克黑巧克力，可可固形物含量为60％

600毫升高脂厚奶油

200克榛子巧克力酱

1茶匙香草精

糖粉，筛在表面装饰用

1

取一个25厘米×37厘米的瑞士卷烤盘或者一个有边烤盘，在内侧底部和四周涂抹一些黄油，然后在底部铺上烘焙纸。烤箱预热180℃（风扇烤箱160℃／燃气烤箱4挡）。将鸡蛋和糖放入一只大碗中，用电动打蛋器以中速打发，直至混合物变得黏稠，像慕斯一样，同时体积增大1倍。需打发约5分钟。

2

面粉、盐和可可粉放在碗中混合后筛入打发的鸡蛋中。用大金属勺或刮刀叠拌而不是画圈搅拌，以防止面糊里拌入气泡。叠拌的时间可能会比你想象中的更长，要让面糊变成均匀的棕色。

3

将碗放在准备好的模具上方（碗的位置太高的话，倒面糊时容易消泡），将面糊倒入模具。把模具缓缓地向四周倾斜，让面糊流向模具的各个角落。

4

烘烤15分钟，直到蛋糕均匀膨胀起来，四周轻微回缩和模具分离。可以用抹刀小心地将蛋糕四周与模具划开，以防止回缩程度不够，不易脱模。

5

在工作台上铺上一大张烘焙纸，然后在上面筛上2汤匙可可粉。将蛋糕倒扣在这张烘焙纸上，取下模具，然后在蛋糕上铺一块干净的茶巾等蛋糕冷却。茶巾可以在蛋糕冷却过程中防止水汽蒸发，帮助蛋糕保持柔软和湿润。

6

制作馅料。将巧克力切成小块。把300毫升奶油放入小锅中加热直至边缘冒泡。将奶油从火上移开，一边搅拌一边倒入巧克力、榛子巧克力酱和香草膏。待原料充分融化混合，即成为顺滑的巧克力甘纳许酱（Ganache，即将奶油混入巧克力的古老制作方法），置于一旁晾凉。冷却后的巧克力酱应该还是可以流动的液体状态。

7

将剩余的奶油倒入一只碗中，加入大约150克巧克力甘纳许酱，用打蛋器搅打至浓稠但不硬实的状态。

8

当蛋糕冷却后，将茶巾移开，然后小心地将烘焙纸揭下来。用锯齿刀将蛋糕四周大约1厘米宽的边缘切下。然后用锯齿刀在靠近自己的长边上距离边缘2.5厘米处划出一道线。

9

将馅料涂抹在蛋糕上，然后从划过线的一端开始卷起。用铺在蛋糕下面的烘焙纸作为辅助，可以把蛋糕卷得更紧。

10

将蛋糕卷滚到一张干净的烘焙纸上。在距离一端10厘米处，以一定角度斜向切开蛋糕。

11

把较大块的蛋糕放在盘子上，然后将小块蛋糕的一端靠在它上面摆放好，像树的枝干一样。将剩余的甘纳许酱抹在蛋糕上，用抹刀在表面模仿树木的质感抹出沟槽。放在冰箱里至少冷藏1小时再食用。冷藏可以保存3天。

12

食用前30分钟，将蛋糕从冰箱中取出回温，筛上糖粉后享用。

节日水果蛋糕
Festive Fruit Cake

准备时间：30分钟，浸泡时间另计
烘焙时间：2小时45分钟—3小时
成品：24块

　　对我来讲，不亲手做一个水果蛋糕就不算过圣诞节。相比质地厚重而油腻的蛋糕，我个人更喜欢做果味丰富且质地轻盈的水果蛋糕。这款蛋糕做好后可以立即就吃，也可以放上一段时间让风味更加浓郁，依自己的口味选择。蛋糕中的水果干可以换成任何你喜欢的果干，蛋糕的装饰也是可以省略的——见第177、180页"小贴士"。

___

蛋糕用料

1个柠檬

100克樱桃蜜饯，沥干

600克混合水果干，如葡萄干、苏丹娜葡萄干或红醋栗干

100克糖渍橙皮

120毫升白兰地或黑朗姆酒（见第177页"小贴士"）

225克软化的黄油，额外准备一些以涂抹模具

225克黄糖

1茶匙香草精

4个鸡蛋

225克中筋面粉

2茶匙混合香料粉

¼茶匙盐

50克烘烤过的杏仁片

装饰用料

2汤匙杏酱、橙皮果酱或蛋糕镜面果胶糖粉，表面装饰用

500克市售杏仁膏（marzipan）

500克即用翻糖膏

可食用闪粉和丝带（可选），或任何你喜欢的装饰品

1

用柠檬擦出柠檬皮碎屑，然后榨汁。樱桃蜜饯对半切开。将蜜饯、水果干、糖渍橙皮和100毫升的酒放入一只大锅中。盖上盖子后煮到微微滚开。把锅从火上移开，让原料在锅中浸泡1小时，或浸泡过夜。水果干会吸收酒并泡发。

用其他东西浸泡

如果你不想用酒浸泡果干，浓红茶、橙汁或苹果汁都是不错的替代选择。不过用酒浸泡不仅能添加风味，还可以帮助蛋糕延长保存时间。食谱中的果干可以被替换为任何其他种类的水果干。但是，建议在选择果干时要注意酸甜口味的平衡和搭配，这样烤出的蛋糕更好吃。

2

准备开始制作蛋糕时，先把烤箱预热160℃（风扇烤箱140℃／燃气烤箱3挡）。取一个20厘米的圆形蛋糕模，铺上两层烘焙纸。具体做法是，将一张65厘米×30厘米大小的烘焙纸对折成长条形。沿折痕再向内折约2厘米。在向内折起的窄条上每隔2厘米斜向剪开，每一剪都要剪到折痕处，来做成褶边。再按模具底面大小剪两张圆形烘焙纸。

3

将蛋糕模涂上黄油，然后用剪好褶边的烘焙纸在模具内侧四周围一圈，有褶的一边放在模具底部，相互重叠。圆形烘焙纸上也抹上些黄油，然后叠放在褶边上，将褶边压在下面。这一步非常必要，烘焙纸可以在长时间的烘烤过程中保护蛋糕。

4

黄油和糖放入一只大碗中，然后用电动打蛋器搅打，直至混合物打成奶油状且颜色变浅。加入香草精，然后加入一个鸡蛋继续搅打。当黄油与鸡蛋的混合物呈轻盈的羽毛状，再加入一个继续搅打。如果面糊开始有些结块，放入1汤匙面粉。重复这个步骤，逐一加入余下的鸡蛋。制作这款蛋糕没有捷径，必须打发黄油；不要尝试把所有原料放在一起一次性搅拌。

5

面粉、香料粉和盐一起筛入碗中，然后用刮刀或大金属勺将面粉和打发的黄油叠拌均匀。现在可以拌入浸泡好的果干和坚果。做好的蛋糕糊会很硬。

6

将蛋糕糊刮入准备好的模具中并抹平表面。用刮刀把蛋糕糊从中心向四周抹开，使中心部分略低于四周。这样可以帮助蛋糕膨胀得更均匀。

7

烘烤1小时30分钟，然后将烤箱降温到150℃（风扇烤箱130℃／燃气烤箱2挡）再烤1小时15—30分钟。当蛋糕烤好时，蛋糕应该是深棕金色，在蛋糕中心插入竹签再拔出，竹签表面干净无面糊。如果没有烤好，多烤15分钟后再检查一下。把蛋糕模放在晾架上，让蛋糕在模具中冷却。当蛋糕还温热时，用竹签在蛋糕上扎满洞，然后将剩余的酒、茶或者果汁，用勺子淋在蛋糕上。蛋糕冷却后，将蛋糕脱模，用干净的烘焙纸小心地包裹起来，放在密封容器中，于阴凉处保存。

"喂养"你的蛋糕

这款蛋糕冷却后直接食用就非常美味，但是它也可以放上几个月变得"成熟"。在圣诞节前，"喂养"三次蛋糕，每次舀1汤匙用来浸泡果干的液体，淋在蛋糕上，每次"喂养"至少间隔一个星期。每次"喂养"完后，都要小心地包裹起来，以免蛋糕变干。

8

制作蛋糕的装饰，需要取一个比蛋糕稍微大一些的蛋糕纸托或托盘。将杏酱、橘皮果酱或镜面果胶加1茶匙水化开，然后过筛，去掉其中的结块。用刷子将滤过的果酱刷在蛋糕表面上。这层果酱是黏结杏仁膏的黏结剂。

9

工作台上筛上大量的糖粉。将杏仁膏揉几分钟使之变得柔软，然后揉成球形。用擀面杖擀开，每擀几下就把杏仁膏旋转90°，直到擀成和蛋糕大小差不多的圆形。如果擀得不均匀，可以用手帮杏仁膏整形。将杏仁膏放在蛋糕上。

如果不覆盖糖衣

只将部分蛋糕盖上糖衣是个非常实用的方法，比给整个蛋糕盖上糖衣要容易得多。或者，如果你根本不想为蛋糕做任何装饰，可以尝试在烘烤蛋糕之前，将一些整颗去壳的杏仁按在蛋糕表面。蛋糕烤好后，刷上果胶或撒上糖粉，再给蛋糕系上一条丝带。

10

确保杏仁膏表面没有任何硬块。取⅔的翻糖膏，用同样的方法擀开成圆形，如果需要也可以用手帮助整形。剩下⅓的翻糖擀至3毫米厚，用饼干模切出你喜欢的形状。

11

煮些开水再稍稍放凉。将一把干净的刷子在水中润湿，在杏仁膏表面薄且均匀地刷上一层水。把翻糖膏放在杏仁膏上，再用水做黏合剂，将切好的翻糖图案贴在最上面。如果想进一步装饰，撒上可食用闪粉，并将丝带围绕蛋糕系好。

12

翻糖膏晾干需要几个小时，然后将蛋糕放在密封容器中保存直到准备食用。

尺寸不合适?

如果放在蛋糕上后才发现，圆形的杏仁膏或翻糖膏比蛋糕大，也不用担心。如果太大，找一个高直身玻璃杯沿着蛋糕的边缘滚动，将翻糖和杏仁膏向内向上推起。如果圆形太小，用手掌较平的部分按杏仁膏和翻糖，使其向外延展一些。

蔓越莓史多伦
Cranberry Stollen

准备时间：45分钟，发酵及检视时间另计
烘焙时间：30分钟
成品：2条适合家庭食用的面包

几次冬日在德国旅行的经历，让我完完全全爱上这款含有丰富水果和杏仁膏（marzipan）夹心的德国圣诞面包。这款食谱可以制作2条面包；可以烤好后马上吃一条，然后把另外一条包裹好，放在冰箱中冷冻保存1个月。

面包用料

1个柠檬

4汤匙黑朗姆酒（或用橙汁替代）

1茶匙香草精

150克蔓越莓干

150克白葡萄干（或用切碎的杏干替代）

300毫升牛奶

1汤匙速发酵母

1整粒肉豆蔻，或用1茶匙肉豆蔻粉

500克高筋白面包粉，额外准备一些作手粉用

1茶匙盐

85克糖

175克黄油，室温

2个鸡蛋

250克杏仁膏（marzipan）

装饰用料

50克黄油

25克糖粉

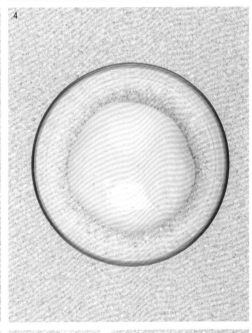

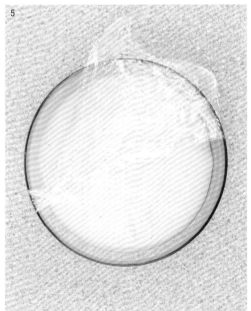

1

　　柠檬皮磨成细屑，与朗姆酒或橙汁、香草精和水果干混合在一起，趁和面的时间腌一会儿。将牛奶用微波炉或锅稍稍加热，然后加入酵母用打蛋器搅拌均匀。牛奶必须是温的，如果太热，会杀死酵母。

2

　　如果用整粒的肉豆蔻，需磨成粉，取2茶匙的粉末。面粉和盐一起筛入一只大碗中，再加入肉豆蔻粉和糖。将黄油切成小方块，用手指尖将黄油和面粉揉搓均匀，直到混合物看上去像面包屑一样。

3

　　将一只鸡蛋的蛋黄和蛋白分离（见第127页）。把蛋黄和另一只全蛋加入牛奶中搅打混合。用木勺把液体原料和揉搓好的干性原料混合物搅拌成柔软黏稠的面团。面团需静置10分钟。

4

　　工作台撒上面粉，将面团倒在工作台上。面团表面和双手也撒上面粉，然后开始揉面（见第69页）。大约需要揉10分钟，直到面团变得非常有弹性且表面很光滑。将面团放入一只涂过油的大碗中，再用涂过油的保鲜膜盖住。

5

　　让面团在温暖处发酵1.5个小时，或者发到体积变为原来的1倍大。

6

　　将面团放到撒有面粉的工作台上，并切成两半。用双手将两块面团一边按压一边拍打成20厘米×40厘米大小的长方形。将浸泡好的水果铺在面团上，铺满一半，将另一半折叠覆盖在上面。

7

面团拍打成约15厘米×25厘米大小，然后沿长边对折；重复这个动作两次，直到水果干均匀地分布在面团中，但还没有跑出来。最终要把两块面团都整形成约15厘米×25厘米大小。如果过程中面团变得太有弹性很难操作，可以静置几分钟再继续操作。

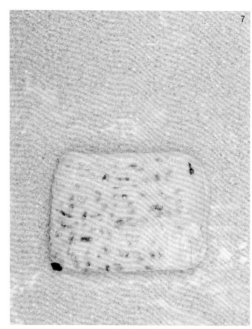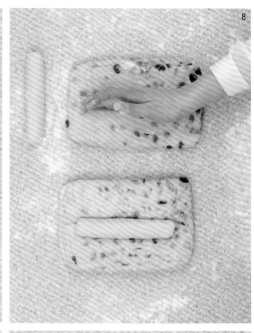

8

将杏仁膏揉成两条大小相同的香肠形。在每块面团上沿长边压出一条凹槽，然后将杏仁膏放在凹槽里。

9

面团的一边向上卷起，将杏仁膏裹起来，向上卷起的一边并非完全盖住另一侧，要留出约一指宽的边缘，捏合封口，再将面团的两端紧紧捏在一起。

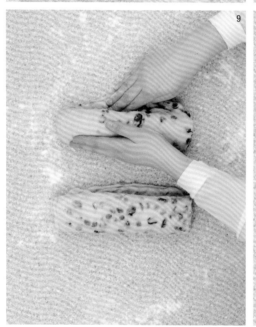

10

烤盘上铺烘焙纸，将两条面包放在上面。中间要留出发酵膨胀的空间。用涂过油的保鲜膜将面包盖起，放在温暖处发酵约1个小时，或发到体积增大约1倍。烤箱预热180℃（风扇烤箱160℃／燃气烤箱4挡）。

11

烘烤30分钟，直到面包膨胀起来，颜色成深棕金色。将黄油融化后刷在热的史多伦表面，再撒上大量糖粉。

12

彻底冷却后才能打包保存。食用之前，再撒一遍糖粉。

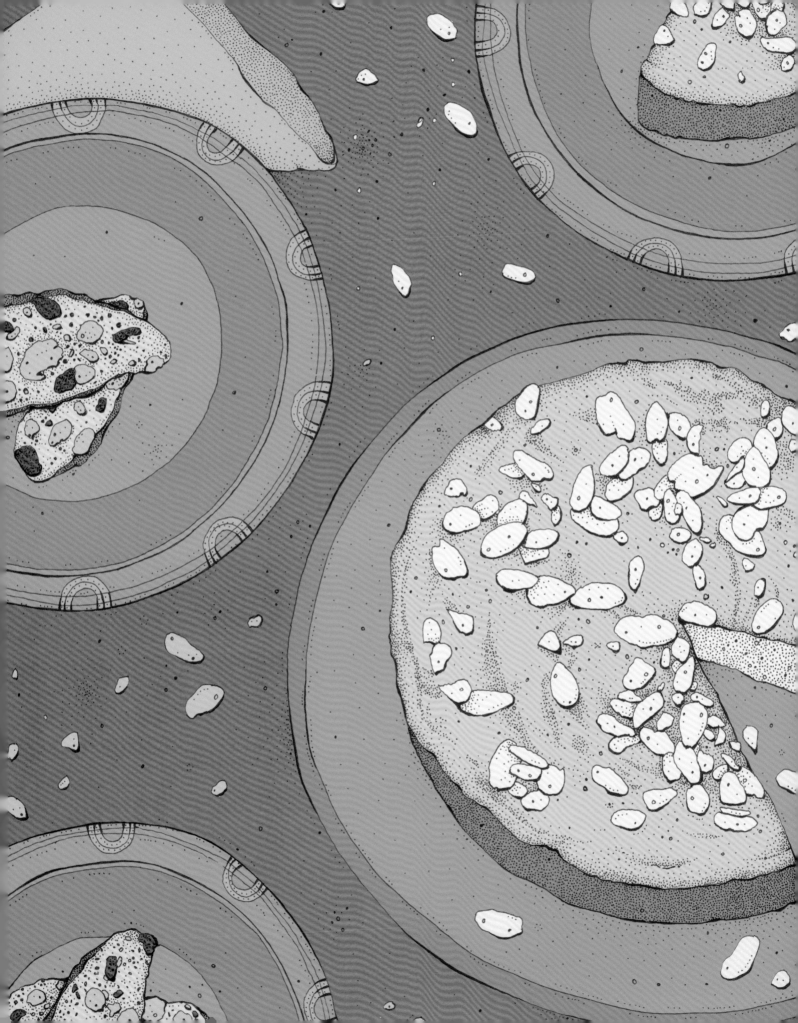

餐后甜点

无面粉巧克力蛋糕
Flourless Chocolate Cake

准备时间：20分钟
烘焙时间：35分钟
成品：12人享用

　　无面粉巧克力蛋糕是甜品界真正的英雄，对于小麦制品过敏的人尤其如此。坚果粉和大量的巧克力构建起蛋糕的主体，中心部分则保持柔滑绵密的口感。食谱中用到的意式浓咖啡可以很好地衬托出巧克力的风味，并不会为蛋糕增加咖啡味道。

200克黄油，额外准备一些以涂抹模具

125克去皮榛子（或杏仁粉，见第189页"小贴士"）

200克黄糖

200克黑巧克力，可可固形物含量为70%

2汤匙现煮意式浓咖啡或1汤匙即溶咖啡粉加汤匙开水

1茶匙香草精

5个鸡蛋，室温

¼茶匙盐

1汤匙可可粉，撒在表面装饰用

1

　　取一个23厘米的圆形活底锁扣模，黄油要涂满整个模具内侧，然后在底部铺上烘焙纸。烤箱预热180℃（风扇烤箱160℃／燃气烤箱4挡）。将榛子放到食品处理机中，加入1汤匙糖，打碎成粉。如果用杏仁粉，就跳过这步稍后再加糖。

坚果的选择

　　如果你找不到已经去皮的榛子，那就买带皮的榛子回家自己去皮。将它们放在烤盘中，用180℃（风扇烤箱160℃／燃气烤箱4挡）烘烤8—10分钟，直到皮开始出现裂缝，并逐渐碎裂成片状。将烤好的榛子倒在一块干净的茶巾上，使劲揉搓去皮。不用太在意残留的少许榛子皮。待榛子冷却后磨碎。这个去皮的步骤同时也提升了榛子的香气，为蛋糕增加丰富而浓郁的坚果味。如果你想缩短制作时间，也可以用125克杏仁粉来替代。

2

　　巧克力掰碎放入一只中号耐热碗中，加入黄油、咖啡和香草精。将碗放在盛有热水的锅上，或用微波炉（见第119页），融化碗中混合物。搅拌均匀后放在一旁待用。

3

　　将鸡蛋打入一只大碗中，加入剩余的糖，用电动打蛋器搅打5分钟，直至鸡蛋打发，变得浓稠，像慕斯一样，体积增大1倍。

4

　　将融化的巧克力沿碗边（这样做是为了防止巧克力倒入时让鸡蛋消泡）倒入打发的鸡蛋中。用大金属勺把巧克力叠拌均匀。想要蛋糕糊变成均匀的棕色，不夹杂没拌匀的带状巧克力，叠拌的时间也许比预计的要长。

5

　　把坚果粉和盐撒入碗中，叠拌均匀。小心地将蛋糕糊倒入准备好的模具中。防止倒的过程中混入太多空气。

6

　　放在烤箱的中层烘烤约35分钟，直到蛋糕膨胀起来，表面定型。轻轻晃动模具时，已定型的像纸一样的表面下，蛋糕会出现微微晃动。将蛋糕模放在晾架上冷却。蛋糕会有些结皮和开裂，这是正常现象。

7

　　如果等冷却后食用，可以很容易将蛋糕脱模并放到盘子上：将蛋糕模侧面的锁扣松开，然后用刮刀将蛋糕和垫纸与模具分离。如果在温热时食用，应把蛋糕留在模具中，因为蛋糕非常易碎。最后用细粉筛将可可粉筛满蛋糕表面。食用时可以配奶油或冰淇淋，以及你喜欢的浆果。这款蛋糕可以提前两天做好（一般情况下，我会在做好的隔天食用）并放在阴凉处保存。吃之前让蛋糕回温。

法式柠檬挞
Tart au Citron

准备时间：约1小时10分钟（包括盲烤），
冷冻时间另计
烘焙时间：5分钟
成品：12人享用

　　为了搭配各类餐点，我在传统的
柠檬挞食谱上做了很多调整。柠檬酱
（Lemon Curd）的味道清新强烈，柠
檬风味浓郁，挞皮松脆、微甜又容易制
作，不用担心过度搅拌。食谱中的油酥
皮可以做两个挞，所以可以留下一个放
进冰箱冻起来，下次再做。

挞皮用料

1个鸡蛋

225克软化的黄油

1茶匙香草精

50克糖粉，额外准备一些用于食用前
装饰（可选）

½茶匙精盐

350克中筋面粉，额外准备一些作手粉用

柠檬酱馅料

8个鸡蛋

175克黄油

200克糖

5个大柠檬，榨汁（需要约250毫升柠
檬汁）

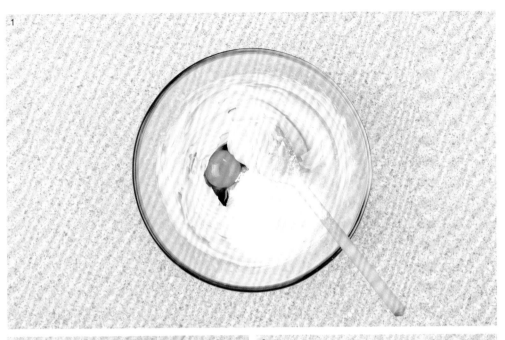

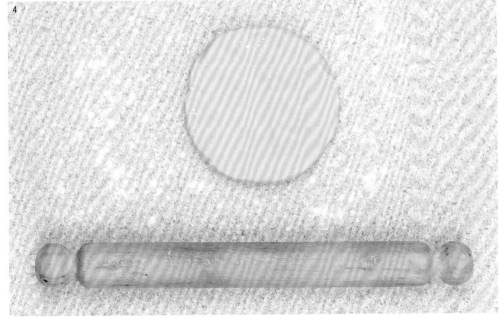

1

　　制作挞皮，首先需要将鸡蛋的蛋白与蛋黄分离（见第127页）。此食谱中只用到蛋黄。黄油放入一只大碗中用力搅打，打至非常柔软顺滑。然后加入蛋黄、香草精、糖和盐。

2

　　将它们搅打混合均匀，质地呈奶油状。将面粉筛入碗中，再与乳化的黄油混合物搅拌在一起做出油酥面团，面团会结块，原料应充分混合均匀，注意碗底的面粉也都要搅拌进面团。

用食物处理机制作

　　虽然用手做油酥面就很容易，但是如果你有一台食物处理机，就可以用点动功能轻松地让黄油乳化。加入蛋黄、香草精、糖和盐，继续用点动功能将它们混合，最后放入面粉。

3

　　将面团倒在工作台上，然后将它们捏在一起，做成一个光滑的球形。面团会很软还有些黏。把它分为两块大小相同的圆饼，然后用保鲜膜包裹起来。将其中一块放入冰箱中冷藏至少30分钟（面团要冻结实，但不能太硬，否则擀开的时候会裂开），然后将另外一块保存起来下次用。如果放入冷冻，面团最长可以保存一个月。

4

　　烤箱预热200℃（风扇烤箱180℃／燃气烤箱6挡），并把油酥面皮铺在一个23厘米大小的波浪边挞模中。在擀开面皮前，工作台和擀面杖上都撒些面粉。用擀面杖将面团表面凸起的地方向下压，然后旋转45°。重复这个动作，直到面团被压成2厘米厚。如果有裂纹产生，重新捏合起来即可。

5

把面团擀薄，呈圆形。用擀面杖在面团上向一个方向均匀地前后擀动。如果向各个方向擀，面团很可能不平整，并扩展得太厉害，这样会导致挞皮回缩。擀几下后，将面团转45°，直到面团的大小能覆盖住模具底部，并足以翻起2.5厘米。

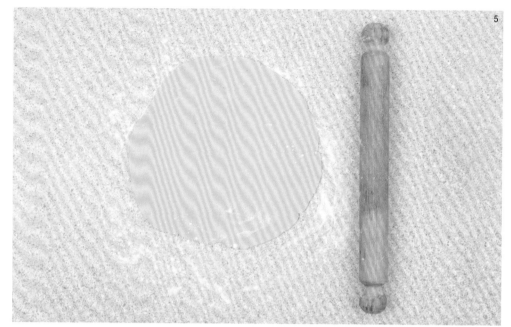

6

将挞皮远离自己的一端搭在擀面杖上，然后小心地提起挞皮并盖在模具上。轻柔地将油酥面皮向下按进模具的边角里。为了使面皮贴合挞模的边缘，捏一块多余的面皮，团成小球，用手指捏住小面球将面皮按入挞模的波纹中。

7

用擀面杖在模具上快速擀过，将多余的油酥面皮切下来。用拇指和食指将油酥面皮的边缘与模具的上缘捏紧，使之更贴合模具，如果能让面皮稍稍高过模具边缘则更好（这样挞皮即使回缩，也会和模具的高度相同）。用叉子在挞皮底部戳洞，叉子要戳透面皮碰到模具。将模具放到烤盘上然后放进冰箱冷冻10分钟，直到挞皮变硬，时间允许的话也可以冻得更久些。

挞皮有破洞？

如果油酥面皮上出现破洞或开裂，只需取一小块剩下的油酥面，按在洞或裂纹上，把破损处补好即可。如果烘焙的过程中挞皮开裂了，用一小团油酥面抹在整个热挞皮的表面，然后再烤几分钟定型，油酥面会融化并且将裂纹封好。操作时要特别小心，如果压得太用力，烤过的油酥面边缘很容易碎——这只是紧急补救方法。

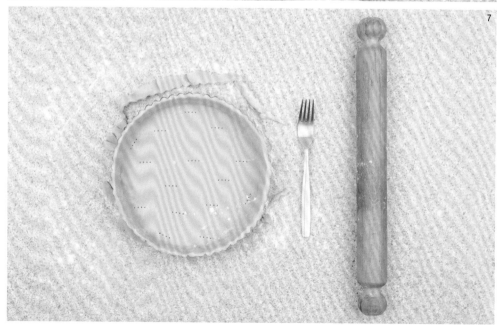

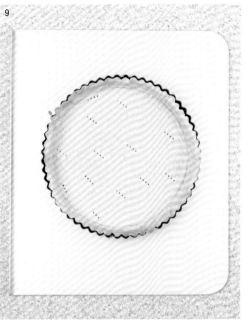

8

准备烘烤挞皮时，在挞皮上铺一张铝箔纸，将所有的边缘都覆盖住。我一般不铺烘焙纸，因为它可能会让下面的面皮凝结水汽。在铝箔纸上倒满烘焙豆，靠近模具边缘的部分应堆高一些，让烘焙豆在烘烤过程中为挞皮边缘提供支撑。

9

烘烤15—20分钟，直到挞皮看上去已经定型，且铝箔纸下面的部分已经烤得很干。这个阶段挞皮不会上色太深。如果将烘焙豆马上移开，挞皮的边缘就会塌下来，因此如果你不确定是否彻底定型，就再烤5分钟。完成后，将铝箔纸和烘焙豆从模具中取出。

10

将烤箱降温到160℃（风扇烤箱140℃／燃气烤箱3挡）。再烘烤10—15分钟，或烤到挞皮底部呈浅金黄色，质地酥松。如果外侧边缘在中间部分没烤好前已经上色太深，小心地将挞皮盖上铝箔纸并放回烤箱继续烘烤。

11

烘烤挞皮的同时，制作馅料。将4个鸡蛋的蛋白与蛋黄分离（见第127页）。这个食谱中只用到蛋黄。将4个蛋黄和4个全蛋在一只大碗中打散。黄油切成小块，放入厚底锅中，再加入糖和柠檬汁。

12

　　小火加热，让黄油和糖在柠檬汁中融化。混合物一旦融化，马上用一只手搅打鸡蛋，与此同时，用另一只手将热的柠檬汁混合物倒入。开始时要倒得非常慢，以防鸡蛋一下子被烫熟。

13

　　将混合物倒回锅中，中火加热3—5分钟，直到混合物变得浓稠顺滑。加热的过程中要不断搅拌，特别是与锅壁接触的部分，避免将混合物煮沸。

14

　　把柠檬酱倒入烤好的挞皮里，然后再烤5分钟，目的是让柠檬酱定型。

15

　　将挞放在晾架上彻底冷却，然后放到冰箱里冷藏后食用。如果你喜欢，可以撒上糖粉。

柠檬蛋白霜派

　　将这款挞变成柠檬蛋白霜派，需要按第199页的方法制作蛋白霜，把剩余的4个鸡蛋的蛋白，加入200克特细砂糖打发。蛋白霜打好后再加入1茶匙玉米粉搅匀。将蛋白霜均匀地淋在热柠檬馅上，向四周涂抹开，要覆盖并稍稍超过派皮边缘，蛋白霜要抹成生动的螺旋形。放入200℃的烤箱（风扇烤箱180℃／燃气烤箱6挡）烘烤20分钟，直到表面变成金黄色。让派冷却至少1小时，然后在制作的当天食用，冷热均可。

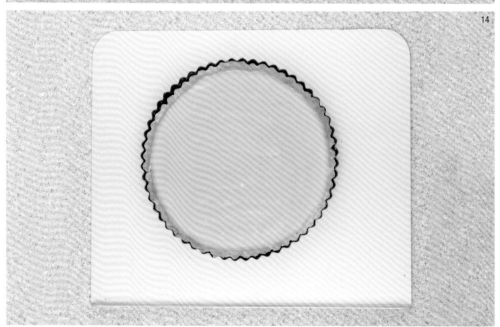

草莓蛋白霜蛋糕
Strawberry Meringue Cake

准备时间：30分钟
烘焙时间：约1小时
成品：12人享用

　　松脆的蛋白霜上面堆满水果，蛋糕口感蓬松而柔韧。这款制作起来充满趣味的蛋糕，灵感来源于经典英式甜品伊顿麦斯（Eton mess），将澳洲名点帕夫洛娃（Pavlova，一种以俄国芭蕾舞演员安娜·帕夫洛娃命名的蛋白奶油蛋糕）变为一款不同寻常的夏日甜点。和伊顿麦斯一样，奶油也是完成这款蛋糕的关键。奶油要恣意地挤在整个蛋糕上，让奶油沁入蛋糕，并与浆果和蛋白霜混合在一起。

蛋糕用料

110克黄油，额外准备一些以涂抹模具

4汤匙高脂厚奶油或淡奶油，额外准备一些搭配蛋糕食用

1茶匙香草膏或香草精

250克熟透的草莓

175克中筋面粉

100克杏仁粉

½茶匙泡打粉

¼茶匙盐

3个鸡蛋加2个蛋黄

150克特细砂糖

蛋白霜和装饰用料

2个蛋白

100克特细砂糖

更多成熟的草莓，或者其他夏季水果

1汤匙糖粉

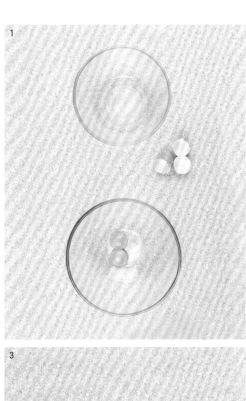

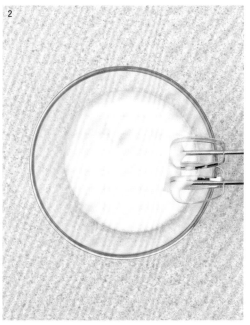

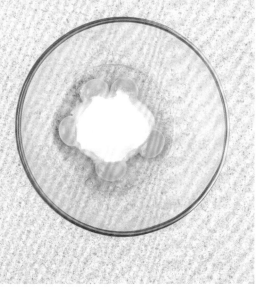

1

　　烤箱预热180℃（风扇烤箱160℃／燃气烤箱4挡）。取一个23厘米圆形活底锁扣蛋糕模，内侧涂抹少许黄油，在底部铺上烘焙纸。先把蛋白霜做好。将2个鸡蛋的蛋黄与蛋白分离（见第127页），将蛋黄放入一只大碗中稍后用于制作蛋糕糊，蛋白放入另外一只大碗中。

2

　　用电动打蛋器打发蛋白，提起打蛋器，蛋白应形成可以挺起的尖角。注意不要过度打发。

3

　　加入1汤匙的糖，然后继续搅打直至蛋白变得浓稠、有光泽并可以保持尖角。继续一边加糖一边打发，直至所有的糖都加入其中，蛋白霜呈现珍珠般的光泽。

做起来太费事？

　　如果你喜欢这个蛋糕的创意，却又不想费事，只需用一包市售碎蛋白脆饼，在烘烤前加入蛋糕糊即可。

4

　　现在制作蛋糕。将黄油在小锅中融化，然后离火并加入奶油和香草膏搅拌均匀。草莓去蒂后切成指尖大小的块。大概需要200克切好的草莓。

5

　　混合面粉、杏仁粉、泡打粉和盐，放在一旁待用。将3个鸡蛋打入盛有蛋黄的碗中，加入特细砂糖。

6

用电动打蛋器将鸡蛋和糖打发，直到体积变为原来的1倍，质地变浓稠，像慕斯一样，打发大约需要5分钟。

7

将黄油混合物倒入打发的鸡蛋中，简单搅打几下，然后筛入面粉和杏仁粉的混合物。再简单搅打几下，直至混合均匀。用大勺或刮刀将切好的草莓叠拌入蛋糕糊。

8

将蛋糕糊倒入准备好的模具中，刮平表面。把蛋白霜用勺子舀到蛋糕糊表面上，做成一个冠状凸起，你如果能把每块蛋白霜都做出尖角最好。在蛋糕糊中间留出一些空间，否则蛋糕需要很长时间烘烤。如果蛋白霜在碗中有些定型了，只需用勺子叠拌几下使蛋白霜重新变得光滑即可。

9

烘烤10分钟，然后将烤箱温度降低到160℃（风扇烤箱140℃／燃气烤箱3挡）再烤45—50分钟，直到蛋糕呈金黄色，中间膨胀起来，蛋白霜烤到松脆，且已经变干变硬了。用竹签插入蛋糕中心检查蛋糕是否烤好。蛋糕烤好时，竹签拔出来表面应该干净或只有一点点黏。蛋糕连模具放在晾架上冷却，然后将蛋糕脱模并放在盘子上。

10

吃的时候，在蛋糕表面和边上再多放一些草莓，撒上些糖粉，再配上一大匙奶油。

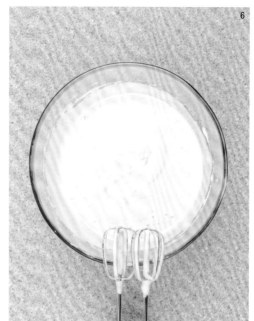

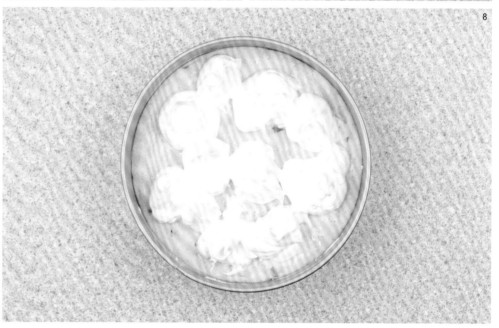
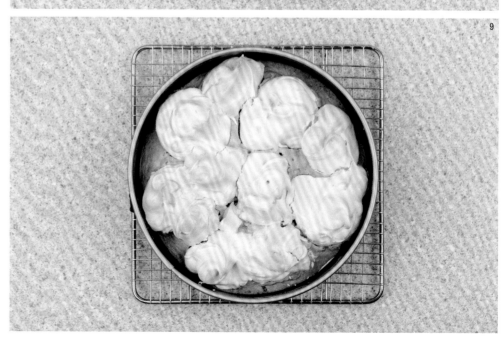

全橙杏仁蛋糕
Whole Orange & Almond Cake

准备时间：10分钟，外加2小时用于煮橙子
烘焙时间：50分钟
成品：12人享用

　　将包括橙皮在内的整个橙子煮软后，与杏仁、鸡蛋和一点点橄榄油搅拌在一起，就做出这款有点儿西班牙风味的天然无麸质蛋糕。这款蛋糕质地轻盈，味道却如同柑橘果酱一般醇厚。

2个中等大小的橙子，每个约重185克

2汤匙特级初榨橄榄油，额外准备一些以涂抹模具

250克特细砂糖

6个鸡蛋，室温

300克杏仁粉

1汤匙泡打粉（可根据需要选择无麸质品牌）

¼茶匙盐

一把杏仁片

希腊式浓酸奶或法式酸奶油，搭配蛋糕食用（可选）

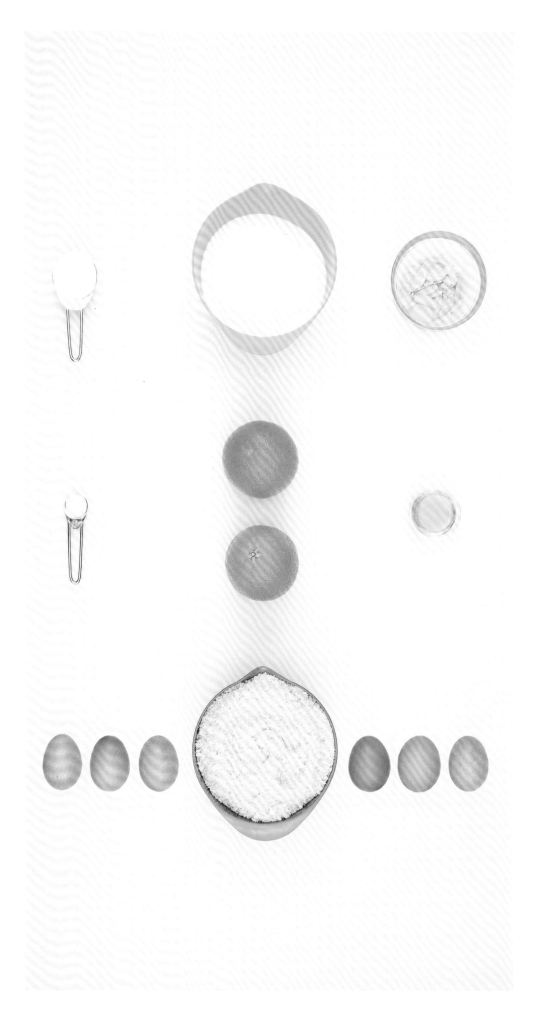

1

　　将橙子放入中号锅中，加入水并盖上锅盖。加热至微微沸腾后，文火炖煮约2个小时，直到用叉子插橙子时，橙子已经完全变软。橙子会浮在水上，因此炖1个小时之后查看下，并把它们转动一下确保煮得均匀。如果需要，炖的过程中可以随时加水。

用微波炉煮橙子

　　如果你有微波炉，将橙子对半切开（完整的橙子会爆炸），放入微波炉专用碗中，加入一些水再盖上保鲜膜。在保鲜膜上扎上几个洞。用高火煮10分钟，直到橙子完全变软（也许需要更长时间，这取决于你的微波炉）。放到一旁冷却几分钟，然后揭下保鲜膜。

2

　　取一个23厘米的活底锁扣蛋糕模，内侧抹一些油，然后铺上烘焙纸。烤箱预热180℃（风扇烤箱160℃／燃气烤箱4挡）。把橙子沥干，等到不烫手可以操作时，切成大块并去掉籽。将橙子（包括橙皮）放入食品处理机中，加入糖，用点动功能做成果泥。

3

　　食品处理机中加入鸡蛋，高速搅打约1分钟，直到颜色变浅，质地变浓稠。

4

　　倒入杏仁粉、泡打粉、盐和橄榄油，再用处理机打几秒钟，做成顺滑均匀的蛋糕糊。用刮刀将蛋糕糊刮入准备好的模具中，抹平表面，再撒上杏仁片。

5

　　烘烤50分钟，直到蛋糕整个呈金黄色，均匀向中心膨胀，蛋糕中心插入竹签后再拔出竹签表面干净。蛋糕出炉后，留在模具中冷却10分钟（蛋糕中心会回缩），然后在蛋糕和模具间插入抹刀，将蛋糕从模具边缘松脱。让蛋糕坐在蛋糕模底上彻底晾凉。

6

　　把表面有装饰的蛋糕转移到盘子上，是有窍门的。将一只平盘底面向上扣在蛋糕模上。握住盘子和模具，将它们同时翻转。把模具和烘焙纸都拿掉。将另一只盘子也底面向上扣在蛋糕的底上，然后握住两只盘子再次翻转，注意不要挤压蛋糕。吃的时候配上希腊式浓酸奶或者法式酸奶油。

巧克力泡芙
Chocolate Profiteroles

准备时间：20分钟
烘焙时间：30分钟一盘
成品：6人享用（成品为18个）

    一旦你发现制作泡芙面团竟然如此
简单，你就会忍不住在家一遍又一遍地
做泡芙。冷却、未填馅的泡芙壳可以放
在密封容器中保存3天，或者冷冻保存
一个月。食用前将预先保存的泡芙放回
烤箱中加热，直到重新变脆，然后从食
谱中的步骤8继续即可。

泡芙面团用料

125克中筋面粉

1茶匙糖

一小撮盐

85克黄油，额外准备一些以涂抹模具

240毫升水

3个鸡蛋

巧克力酱用料

200克黑巧克力，可可固形物含量为
60%—70%，碎成小块

150毫升高脂厚奶油

100毫升牛奶

1茶匙香草膏或香草精

一小撮盐

馅料

450毫升高脂厚奶油

2汤匙糖粉

½茶匙香草膏或香草精

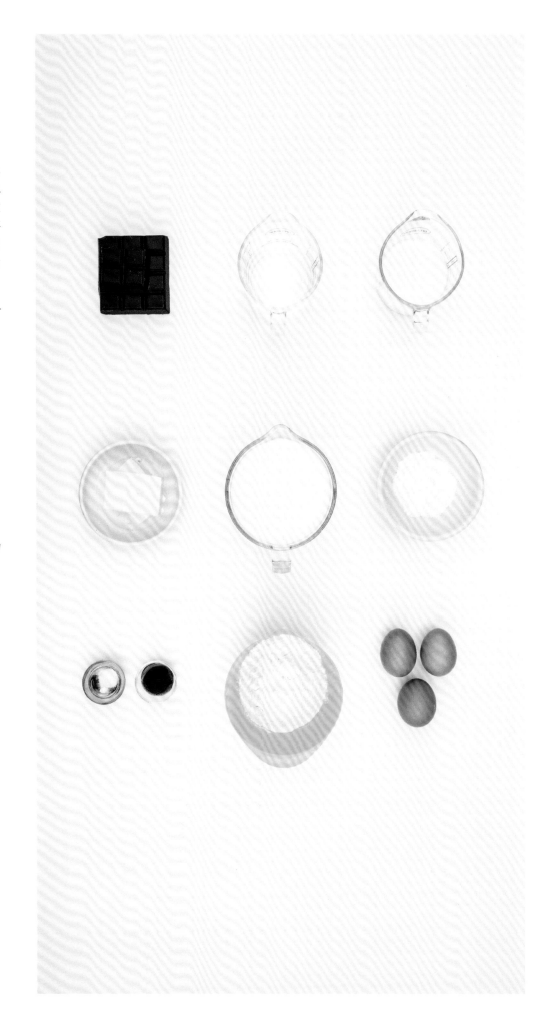

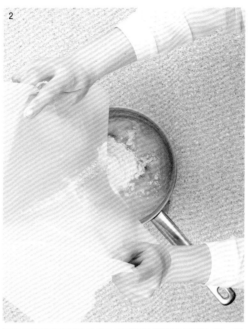

1

　　制作泡芙面，首先将面粉、糖和盐混合筛在一张烘焙纸上。

2

　　将黄油和水放进一只中等大小的锅里。用小火加热直至黄油完全融化。待黄油融化后，用大火将水烧到沸腾。手边放一把木勺。将烘焙纸的两边提起，快速将面粉混合物倒入仍在沸腾的锅中，拿起木勺快速搅拌混合，然后关火。开始时锅里的混合物会结成一块一块的，但是不要停，一直搅拌。请在水烧开后迅速加入面粉，避免蒸发太多水分。

3

　　搅打一段时间后，结块的面糊会变成黏稠、顺滑、有光泽的糊状物，锅的四壁也会变干净。

4

　　用勺子把面糊舀到一只凉的盘子里，并用木勺将面糊涂抹开。这样可以帮助面糊迅速降温。当面糊摸起来不热后，开始下一步骤。

5

　　将鸡蛋打入一只量杯中。面糊放入一只大碗中，然后每次加入一点鸡蛋，每次都要将鸡蛋与面糊充分搅打混合。面糊会先变硬，再慢慢变软。你可以用电动打蛋器来搅打。面糊变得非常顺滑后就停止加入鸡蛋，此时猛地震动勺子，面糊应可以从勺子上顺畅地落到碗中。这一状态的面糊可以冷藏保存一天。

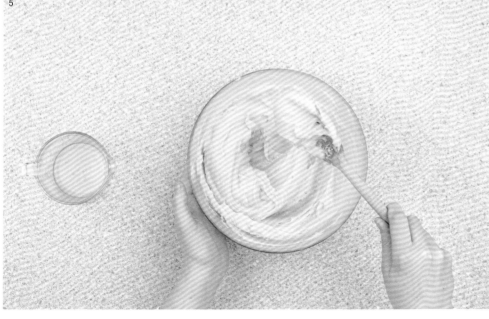

6

准备烘烤时，烤箱预热220℃（风扇烤箱200℃／燃气烤箱7挡）。取两个大烤盘，涂好油并铺上烘焙纸。用茶匙舀18大匙面糊放在烤盘上，面糊最好是核桃大小的球形。如果不想把面糊弄得到处都是，可以用裱花袋和一个1厘米直径的裱花嘴将面糊挤到烤盘上。用手指蘸上水把面糊上的尖角抹平。

7

烘烤10分钟，然后将烤箱降温到200℃（风扇烤箱180℃／燃气烤箱6挡），再烤20分钟，直到泡芙变得非常脆且颜色金黄。轻轻捏泡芙时，它应该完全没有弹性。最好将面糊分批烘烤，不过如果赶时间，可以同时烤两盘。在泡芙面没有膨胀起来、颜色没有变深前，不要打开烤箱门转动烤盘，否则泡芙会塌陷下去。烤好后，把每个泡芙横向切开，但是不要切断，然后再烘烤5分钟。这样可以让水蒸气从泡芙中心跑出，帮助泡芙长时间保持脆度。然后从烤箱取出，放凉。

8

制作巧克力酱，需要将巧克力切碎。把奶油和牛奶放在锅中煮到微微滚开，加入巧克力、香草膏和盐。然后从火上移开，搅拌到混合物像丝绸般顺滑。巧克力酱可以提前做好，在食用之前稍微加热即可。

9

泡芙最好填馅之后马上食用，但是你也可以提前两个小时填好馅料并放入冰箱保存。将奶油、糖和香草膏放入一只大碗中用打蛋器打发到黏稠而蓬松。舀一大勺填入冷却的泡芙壳中。

10

食用前在泡芙表面淋上温热的巧克力酱。

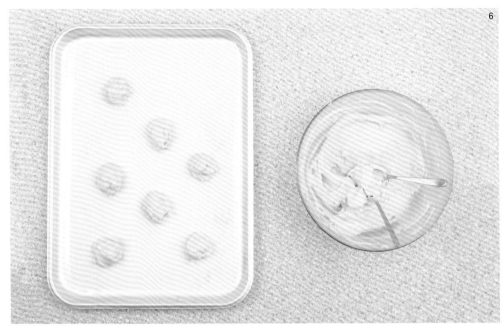

单层派皮苹果黑莓派
One-Crust Apple & Blackberry Pie

准备时间：25分钟，冷冻时间另计（如果
自己制作派皮）

烘焙时间：30—35分钟

成品：8人享用

这是一款非常家常的派，制作时不
需要任何额外的工具。简单易做，口感
柔韧有咬劲的油酥派皮里，包裹着多汁
的馅料（你也可以用350克市售油酥面
团）。还可以尝试用大黄（rhubarb）
和草莓，或者桃子和蓝莓等任何你喜欢
的水果组合做馅料。

甜黄油酥皮用料

200克中筋面粉，额外准备一些作手粉用

1/4茶匙盐

50克冷的植物起酥油，或者猪油

70克冻硬的黄油

1个鸡蛋

2汤匙糖

馅料

650克味道浓郁的苹果（约3—4个）

1个柠檬，或1汤匙罐装柠檬汁

2汤匙玉米淀粉

1/2茶匙肉桂粉或肉豆蔻粉

100克黑莓，新鲜或冷冻后解冻的均可
（或其他味道浓郁的软皮水果）

100克糖

2汤匙粗粒小麦粉（semolina）或细玉
米粉

1汤匙浅褐色粗粒蔗糖（demerara
sugar）

1汤匙黄油

1

　　首先制作派皮。将面粉筛入一只大碗中，加入盐。起酥油和黄油切成小方块，也放入碗中。将鸡蛋的蛋黄与蛋白分离，蛋黄中加入2汤匙水搅匀。蛋白放好稍后使用。

2

　　用手将起酥油和黄油与面粉揉搓在一起，形成像细面包屑一样的混合物，然后加入糖搅拌。如果你有食物处理机，用它完成这个步骤会更轻松。

3

　　将加了水的蛋黄倒在揉搓好的混合物上，然后用餐刀将它们快速搅拌在一起。如果用食物处理机，要一直打到所有的材料形成一个光滑的球。尽量不要再加入任何液体，也不要过度搅拌，一旦面团成形就可以停止了。如果面团很难成形，就再加入1茶匙水。有些种类的面粉会比其他的干一些，因此加水的量也会相应变化。

4

　　如果用手制作派皮，稍微揉一下把面团揉成光滑的球形。将面团按成圆饼状，用保鲜膜包好放入冰箱冷藏30分钟，直到面团变得坚实但不坚硬。烤箱预热190℃（风扇烤箱170℃／燃气烤箱5挡）。将烤盘放入烤箱预热。预热的烤盘在烘烤时为派皮底部传递更多热量，帮助派皮烤得更酥脆。

5

　　将苹果去皮去核，切成大块后再切成薄片。取一只大碗，放入1汤匙柠檬汁、玉米淀粉、香料粉和黑莓。派皮烤好前先不要加糖，因为它会让水果出水。

6

裁一张方形的烘焙纸，撒上些面粉。用沾上面粉的擀面杖将面团均匀向下压。每压几下，将面团和烘焙纸一起旋转45°，再继续压。直到将面团压成1厘米厚。如果面团边缘出现裂痕，捏合起来即可。

7

面团擀成直径为30厘米的圆形。向一个方向前后滚动擀面杖，不要随意改变方向。擀几下后转动面团和烘焙纸，再继续擀。这样可以使面团伸展开但又不会变硬。

8

将面皮连同烘焙纸滑到烤盘上。在面皮中间撒上些粗粒小麦粉或细玉米粉。将糖加入水果中，然后把水果堆在面皮中间，馅料四周要留出7厘米左右的边。用叉子把蛋白打散，然后用刷子将蛋白刷在面皮留出的边缘上。

9

将面皮折起盖在水果上，面皮重叠的部分捏起来做成像篮子一样的形状。如果有裂痕，直接捏合起来即可。在面皮表面刷上蛋白并撒上些浅褐色粗粒蔗糖。注意刷蛋白液时要绕过水果。

10

将派连同烘焙纸一起放到预热好的烤盘上。烘烤35—40分钟，直到颜色金黄、质地酥脆，且苹果也已经烤软了。如果派皮烤好了但苹果还没有烤软，将烤箱降温到180℃（风扇烤箱160℃／燃气烤箱4挡）后再烘烤10分钟。烤好后至少要让派冷却10分钟，以便让果汁定型，然后趁热或温热时，配上冰淇淋、奶油或卡士达酱食用。

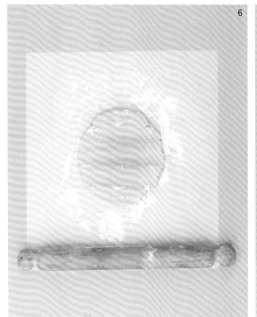
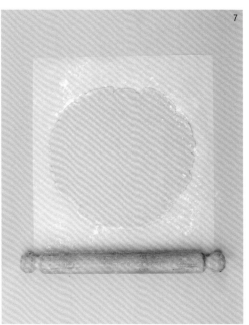

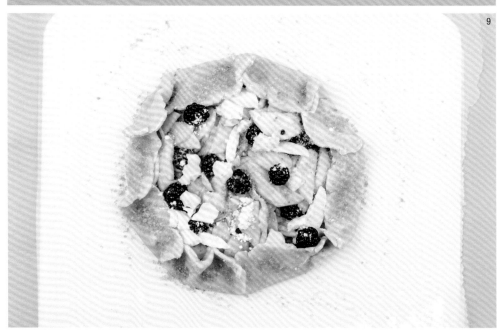

水果翻转蛋糕
Upside-Down Fruit Cake

准备时间：20分钟
烘焙时间：55分钟—1小时
成品：12块

　　我很喜欢这款蛋糕，它外表高贵诱人，做法却一点都不复杂，而且可以用各类应季水果替换食谱中的李子。樱桃、杏、桃子、苹果、梨，还有经典的菠萝，与底部的浓郁的杏仁海绵蛋糕都很相配。趁蛋糕温热时，配上酸奶油或法式酸奶油食用，如果蛋糕外面已经凉了，就搭配些卡士达酱享用。

蛋糕用料

250克软化的黄油，额外准备一些以涂抹模具

250克黄糖

140克中筋面粉

2茶匙泡打粉

¼茶匙盐

100克杏仁粉

125克酸奶油或法式酸奶油

4个鸡蛋，室温

½茶匙杏仁香精

水果

8—10个成熟但仍硬实的李子

4汤匙黄糖

1

　　烤箱预热180℃（风扇烤箱160℃／燃气烤箱4挡）。取一个23厘米的圆形活底锁扣模，内侧涂一点黄油，并在底部铺上烘焙纸。将李子对半切开后去核，再分别切成3块。在切好的李子上撒上黄糖。

2

　　将水果排列在蛋糕模底部，时间充裕的话就排得整齐些，当然散乱一些也没关系，但一定要铺开，不可以叠放。确保把食谱中所有的糖都加进水果中。

3

　　制作蛋糕，需要将黄油、所有干性原料、酸奶油或法式酸奶油、鸡蛋和杏仁香精一起放入一只大碗中。

4

用电动打蛋器将它们搅打成顺滑而浓稠的蛋糕糊。

5

将蛋糕糊舀入模具中，铺在水果层上面，并抹平表面。

6

烘烤55分钟至1小时，直到蛋糕颜色金黄且膨胀起来；向蛋糕中心插入竹签再拔出，竹签表面应干净无碎屑。用一把抹刀插入蛋糕和模具之间，将蛋糕从模具中松脱，然后将蛋糕放在晾架上冷却。

7

趁蛋糕温热时食用。如果你需要重新加热蛋糕，用铝箔纸松松地将蛋糕盖起来，然后放进烤箱用低温烘烤加热15分钟。

梨子巧克力蛋糕

将450克刚成熟的梨子切片并裹上糖。在蛋糕糊中加入100克黑巧克力豆。

菠萝蛋糕

将450克菠萝块（如果用罐头菠萝需沥干水分）裹上糖。如果想制造复古怀旧的气氛，可以在菠萝块之间放上一些樱桃蜜饯。

香料苹果焦糖蛋糕

将450克去核切片的苹果裹上糖。在面粉中加入2茶匙综合香料粉。把做好的焦糖酱或焦糖牛奶酱淋在蛋糕表面再食用。

经典烘烤奶酪蛋糕
Classic Baked Cheesecake

准备时间：20分钟，冷藏时间另计
烘焙时间：55分钟
成品：切成12大块，如果需要，可以切更
多小块

　　这款热制奶酪蛋糕口感清爽柔滑，
蛋糕底松脆带有姜味，味道甜而不腻。
制作时一定要保证足够的冷藏时间（建
议冷藏过夜），因此制作当天，这款蛋
糕应该安排在日程的最后一项，这对蛋
糕的味道和口感非常关键。食用时配
上当季的水果，或是保持什么都不搭
配的复古风格，单纯享受奶酪蛋糕本身
的魅力。

蛋糕底用料

110克软化的黄油

250克消化饼干

2汤匙特细砂糖

½茶匙姜粉（可选）

奶酪蛋糕用料

900克全脂奶油奶酪，室温

200克特细砂糖

1汤匙玉米淀粉

1根香草豆荚或1茶匙香草膏

1个柠檬

5个鸡蛋，室温

250克全脂法式酸奶油

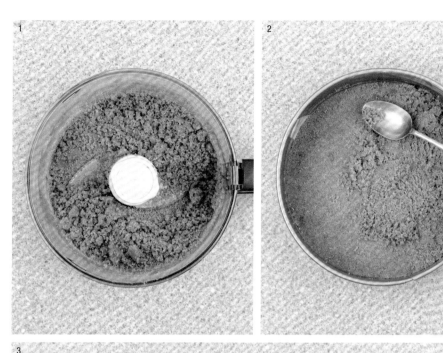

1

　　烤箱预热200℃（风扇烤箱180℃／燃气烤箱6挡）。黄油放入中等大小的锅中融化，取一个23厘米的圆形活底锁扣模，内侧涂一点黄油，底部铺上圆形烘焙纸。将饼干压碎成细屑。可以把饼干放进一个结实的食品袋中，挤出空气，然后用擀面杖把它们敲碎。当然也可以用食品处理机。

2

　　把融化的黄油、2汤匙糖和姜粉加入饼干屑中，混合均匀，直到混合物质地像潮湿的沙子一样。将混合物倒入准备好的模具中，在底部铺开并用勺背压实，整个模具底部要铺均匀。

3

　　将模具放在烤盘上，烘烤10分钟，直到蛋糕底呈金黄色。取出并放凉。

4

　　制作奶酪蛋糕糊，需要将奶油奶酪和砂糖放入一只大碗中，然后筛入玉米粉。如果用香草豆荚，则需要把豆荚纵向剖开，刮下香草籽。将柠檬皮擦成细屑，然后把柠檬皮碎屑和香草籽或香草膏加入碗中。用刮刀将碗中的原料搅拌至均匀顺滑。此时用刮刀比打蛋器更好，如果蛋糕糊搅打入太多空气，很容易在烘烤时开裂。

5

将2个鸡蛋的蛋白与蛋黄分离（见第127页），保留蛋白稍后使用。将3个全蛋和2个蛋黄逐一加入奶酪糊中搅拌，直至搅拌均匀。

6

最后加入125克法式酸奶油搅拌。将蛋糕糊倒入烤好的蛋糕底上，抹平表面。

7

烘烤10分钟，然后将烤箱降温到150℃（风扇烤箱130℃／燃气烤箱2挡）再烘烤45分钟。此时晃动模具，蛋糕中心应有轻微的颤动，蛋糕表面的边缘应呈非常浅的金黄色。烘烤时间过⅔后，检查蛋糕的状态，如果需要可以把蛋糕转动一下继续烤。烤好以后，用一把抹刀插入蛋糕和模具之间辅助脱模，然后将蛋糕放回已经关掉但仍有余热的烤箱中，慢慢冷却约1小时，烤箱门要保持半开。取出蛋糕，在室温下静置几个小时直至彻底晾凉，然后冷藏过夜。

8

如果想要口感更柔滑，在吃之前半小时将蛋糕从冰箱中取出。把法式酸奶油涂抹在蛋糕表面后享用。

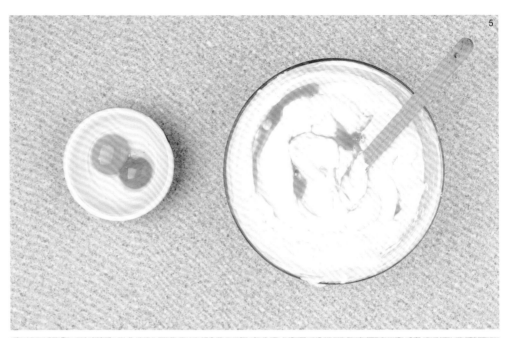

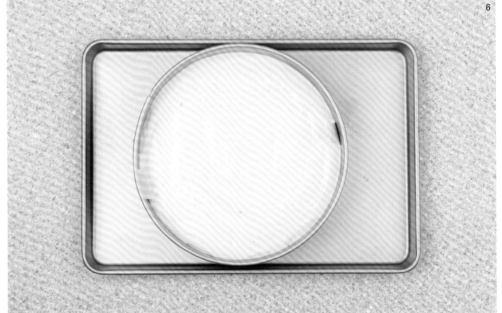

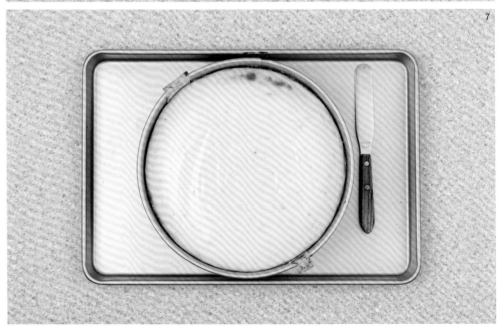

薄荷巧克力马卡龙
Mint-Chocolate Macarons

准备时间：25分钟，干燥和定型时间另计
烘焙时间：12分钟一盘
成品：18—20个夹心马卡龙

　　试过一次你就会发现，在家里制作马卡龙用到的工具不多，过程中的乐趣却是无穷的。它并不像你想象的那么复杂，用途又十分广泛，不但可以作为别致的餐后甜点，也是绝佳的礼物选择。马卡龙需要花些时间干燥并定型，因此做的过程中大可以放轻松，不用一直盯着食谱。

基础马卡龙糊用料

100克杏仁粉

100克糖粉

3个鸡蛋（只用蛋白）

一小撮盐

100克特细砂糖

绿色食用色素（可选）

薄荷巧克力夹心馅料

100克黑巧克力，可可固形物含量
60%或70%均可

½茶匙薄荷香精

120毫升高脂厚奶油

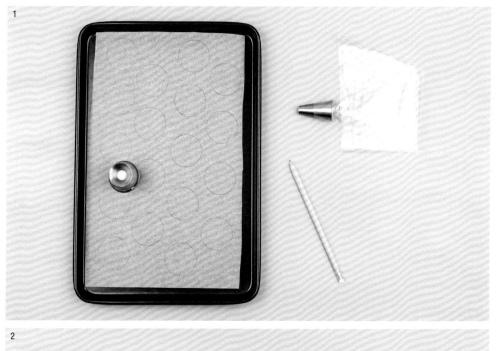

1

准备好两个厚烤盘：铺上不粘烘焙纸，然后在上面画上20个直径为4.5厘米的圆圈，每个圆圈之间要间隔大约2.5厘米。我用蛋杯来画圆，用小饼干模或者把小玻璃杯倒扣过来画都可以（如果觉得麻烦，可以用市售的马卡龙烘焙垫替代）。在裱花袋中放入直径为1厘米的圆形裱花嘴。

如何选择烤盘？

颜色深、重量大的烤盘烘烤马卡龙的效果要比银色轻质烤盘好，可以在马卡龙底部烤出更完美的巴黎"脚"（气泡裙边）。选用你最结实的烤盘或者烤模。

2

将杏仁粉和糖粉放入食品处理机中，用点动功能打碎杏仁粉，直到粉末变得非常细——大约需要30秒。糖会沉在搅拌碗的底部，因此每搅打15秒左右后，把杏仁粉和糖搅拌一下再继续。将杏仁粉和糖粉的混合物过筛，丢掉筛出来的过大的杏仁粉颗粒。

3

将鸡蛋的蛋白与蛋黄分离（见第127页），只取蛋白称量：你需要正好100克蛋白。取一只非常干净的大碗，用电动打蛋器将蛋白和盐打发至硬性发泡，确保边缘的蛋白不能变干也不能变成羽毛状。

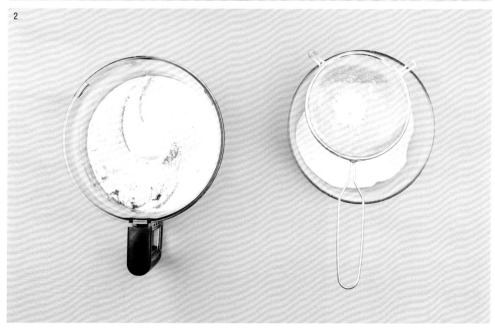

4

    加入1汤匙特细砂糖，继续搅打直至蛋白重新回到硬性发泡状态。重复这个动作，直到所有的糖都加入蛋白中，打好的蛋白霜应浓稠而有光泽，看起来像剃须泡沫一样。

5

    加入几滴食用色素（也可以选择不加），继续搅打直到蛋白霜变成均匀的绿色。食用色素没什么害处，如果想多加一些，一开始先加少许，再缓慢添加，直到得到你想要的颜色。

6

    将过筛的糖粉和杏仁粉混合物叠拌入蛋白霜。如果此时蛋白霜仍然非常浓稠还有些毛茸茸的，烘烤时马卡龙的表面可能会比较粗糙。这种情况下，用刮刀搅拌蛋白霜，直到蛋白霜变得轻盈疏松。将一半的混合物装入裱花袋中，注意在装的过程中不要混入太多气泡。

如何裱花

    装填裱花袋并不难，如果你惯用右手，就左手持裱花袋，先将裱花袋打开，袋口向外翻开盖住左手（惯用左手就正相反）。也可以将裱花袋套在一只高脚杯或果酱瓶上，这样更容易把东西装进裱花袋中。装填的材料不要超过裱花袋容量的一半，装好后将袋口翻回来，旋转拧紧袋口，确保裱花时袋子里有一定压力。

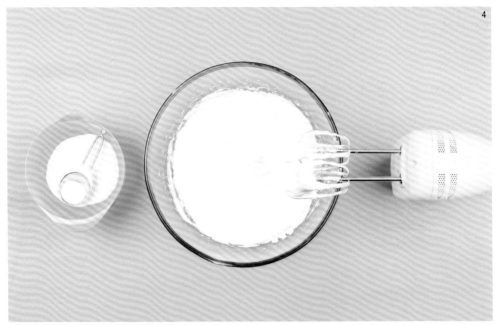

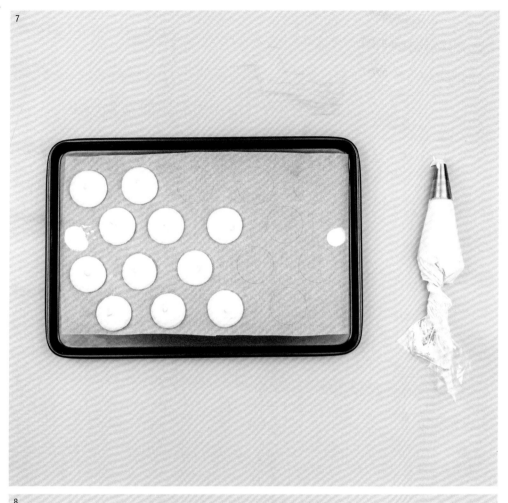

7

在挤马卡龙之前，记得将烘焙纸翻转过来，避免马卡龙底部沾上铅笔印记。用一点蛋白霜抹在烘焙纸两端，确保纸在烤盘上不会移动。将马卡龙糊挤在画好的圆圈里，裱花袋要保持竖直。挤的时候用力要均匀，让马卡龙糊持续不间断地流出来，直到接近铅笔画的圆圈，停止用力并将裱花嘴提起。如果需要，将马卡龙表面的尖角用手指抹平（不要弄湿）。应该可以挤36—40个。

8

将马卡龙置于室温中干燥1小时，这一过程应确保房间中不产生任何蒸汽，直到表皮变得硬实。用手指轻轻触碰马卡龙表面，面糊不粘手指，就说明干燥到位了。烤箱预热160℃（风扇烤箱140℃／燃气烤箱3挡）。

9

　烘烤马卡龙时，一次只烤一盘，烤12分钟，直到它们膨胀起来，底部形成一圈气泡平台，表面看起来有光泽。不要把它们烤成金黄色；如果上色不均匀，中途把烤盘旋转180°。烤好以后，小心地拉动烘焙纸，连上面的马卡龙一起拉出烤盘，放在平整的工作台上晾凉。

10

　制作夹心馅料，需要把巧克力切碎，和薄荷香精一起放入一只耐热的碗中。将奶油在小锅中煮沸，然后倒入巧克力中。不时搅拌一下，让巧克力融化成顺滑的甘纳许。

11

　当巧克力甘纳许冷却、变得浓稠有光泽后，把马卡龙和夹心组装起来。舀1茶匙甘纳许放在半个马卡龙平整的一面上。轻轻地把另外半个马卡龙放在馅料上夹起来。巧克力会被挤出马卡龙的边缘。

12

　放在一旁让夹心馅料彻底定型。在食用之前，把马卡龙放在阴凉处保存。

开心果马卡龙

　用食物处理机磨碎50克去壳开心果。加入50克杏仁粉和食谱中的糖粉一起打磨，然后按食谱中的步骤制作即可。只用巧克力甘纳许做夹心，去掉薄荷香精。

覆盆子马卡龙

　用粉色食用色素给马卡龙糊着色。用1茶匙高品质覆盆子酱为马卡龙做夹心馅料。

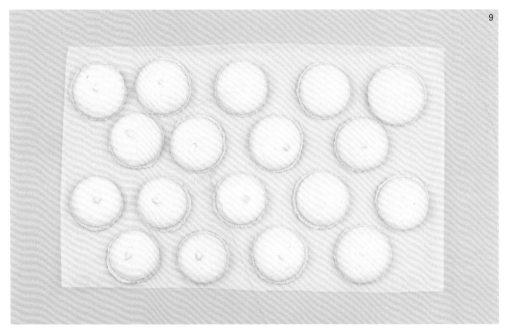

开心果无花果意式脆饼
Pistachio & Fig Biscotti

准备时间：20分钟
烘焙时间：1小时
成品：36块意式脆饼

　　制作一款精巧的意式脆饼很容易，为了实现酥脆的口感，制作过程中需要烘烤两次。做好的意式脆饼无论泡在咖啡里还是餐后甜酒中，或者掰碎撒在冰淇淋上都很美味。选择无花果和开心果搭配，是因为钟情于它们的味道、形状和颜色，其实换成其他水果干与坚果搭配也会是不错的选择。

2汤匙橄榄油，额外准备一些以涂抹模具

100克软的无花果干（或其他水果干）

200克特细砂糖

3个鸡蛋，室温

300克中筋面粉，额外准备一些作手粉用

1茶匙泡打粉

½茶匙盐

1个橙子

100克去壳开心果

1

在烤盘上涂抹一些油并铺上烘焙纸。烤箱预热180℃（风扇烤箱160℃／燃气烤箱4挡）。把无花果撕碎或切成小块。

2

把糖和鸡蛋放入一只大碗中，用打蛋器搅打1分钟左右，直到混合物起泡，搅打时感觉到有阻力。再加入油搅拌均匀。

3

面粉、泡打粉和盐混合后筛入鸡蛋混合物中。搅拌成面团。橙皮磨成细屑，和坚果、无花果一起加入面团，用刮刀拌匀。

4

工作台上撒上面粉，面团放在上面。将面团分成两块大小均等的球形，每块都撒上些面粉（手上也沾上面粉），揉成两条20—25厘米长的香肠形。面团非常软，因此揉的时候要轻，尽量将面团拍打成形，不要使劲捏。将整形好的面团放到准备好的烤盘上。

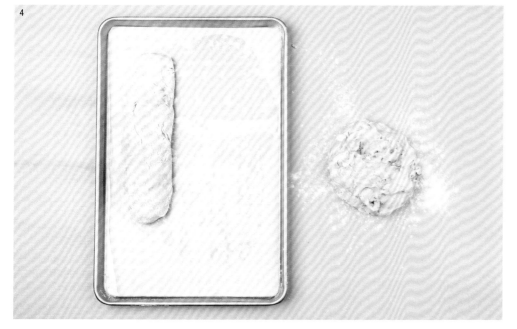

5

烘烤30分钟，直到面团均匀膨胀并变成浅金黄色。将面团从烤箱取出冷却，同时将烤箱温度降至160℃（风扇烤箱140℃／燃气烤箱3挡）。

6

面团变硬且不再烫手后，将其转移到砧板上，切成1厘米厚的片。面团此时非常硬，要用锯齿刀锯开。将切好的饼片平铺在烤盘上，不要叠放。如果想把所有饼片一起烘烤，就再取一个烤盘放饼片，两盘一同入炉。

提前做

已经烘烤一次的意式脆饼可以冷冻保存，然后在需要的时候直接烘烤无须解冻。第二次烘烤的时间延长几分钟即可。

7

将意式脆饼放回烤箱再烤30分钟，中途旋转烤盘，直到烤干、烤脆且呈金黄色。如果你同时烤两盘，在烘烤到一半时，交换两个烤盘的位置。

香料山核桃蔓越莓意式脆饼

将2茶匙综合香料粉筛入面粉中。把无花果和开心果替换成美国山核桃和蔓越莓。

大茴香杏仁意式脆饼

用整粒的去皮杏仁代替开心果，并加入1茶匙粉碎的大茴香或小茴香籽。

海盐焦糖黄油酥饼
Salted Caramel Shortbread Bites

准备时间：45分钟，定型时间另计
烘焙时间：25—30分钟
成品：36个小方块酥饼

　　如果你也热爱海盐与焦糖的组合，但还没有在家里试过自己做，那么制作这款酥饼将是一次绝佳的美味体验。这款食谱来源于我童年时期的心头好，百万富翁酥饼（Millionaire's shortbread，一种巧克力焦糖黄油酥饼）。这款食谱经过调整，更适合成年人的口味，是饭后甜点的最佳选择。

酥饼用料

110克软化的黄油，额外准备一些以涂抹模具

50克特细砂糖

一小撮片状海盐

½茶匙香草精

140克中筋面粉

焦糖酱用料

110克黄油

200克黑糖或红糖

4汤匙黄金糖浆

½茶匙片状海盐

1罐400克的全脂炼乳

顶层原料

200克黑巧克力，可可固形物含量为70%

1汤匙植物油或葵花籽油

½茶匙片状海盐

1

　　取一个23厘米的方形浅蛋糕模，内侧涂抹一些黄油并铺上烘焙纸。首先做酥饼层。将黄油放入一只大碗中，用电动打蛋器或木勺充分搅打，直至黄油颜色变浅，呈奶油状。加入糖、盐和香草精，继续搅打，直到颜色变得更浅。

2

　　面粉筛入已经乳化的黄油和糖中。用刮刀轻轻地搅拌面粉和黄油，使其结成小块的面团。

3

　　把面团按入准备好的模具中，用勺子背面将表面压平整。用叉子在上面戳些洞，然后放入冰箱冷藏10分钟或更久，直至面团变得坚实。同时，把烤箱预热160℃（风扇烤箱140℃／燃气烤箱3挡）。

4

　　烘烤25—30分钟，直到整个酥饼颜色金黄。取出并彻底放凉。

快速捷径

　　如果你不介意，可以买400克市售全黄油酥饼饼干（All butter short-bread）。将饼干压得很碎，然后加入4汤匙融化的黄油搅拌均匀。压入模具中，烘烤15分钟，直到饼底呈金黄色，然后继续食谱中下面的步骤。

5

　　现在制作焦糖酱。将黄油、糖、糖浆和盐放在锅中用小火融化，然后加入炼乳搅拌。

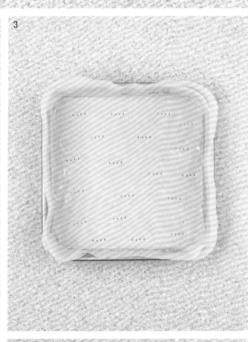

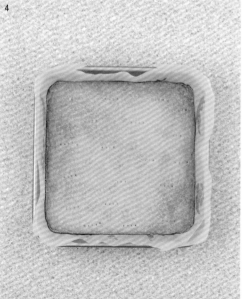

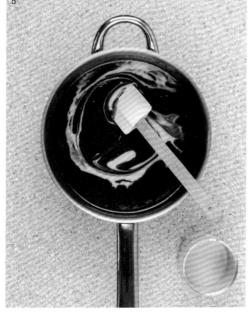

6

　　将焦糖酱煮到微微冒泡，用刮刀不停搅拌，并且保持微微冒泡的状态4分钟，直到质地变浓稠，闻起来有奶油太妃糖的味道。可以用这种方法检测浓稠的程度是否到位：用刮刀划过酱汁，痕迹应该可以保持几秒钟。制作过程中，不要离开锅，也不能停止搅拌，因为底部很容易烧焦。

7

　　把焦糖酱倒在酥饼上，然后等它彻底冷却。

8

　　焦糖酱定型冷却后，就可以制作最后一层了。巧克力隔水加热或用微波炉融化（见第119页），加入植物油搅拌均匀，然后倒在焦糖酱上。撒上海盐，并让它在室温下冷却，天气太热的话可以放入冰箱冷却。植物油可以防止巧克力在定型后变得过硬，太硬的话会很难切开。

9

　　巧克力定型后，在表面画出方格（我用尺子来确保每条线绝对笔直），然后放入冰箱冷藏直至完全变硬。

10

　　切成小方块后食用。要想切面平滑干净，切每一刀之前用湿布擦拭刀刃。酥饼可以放在密封容器中保存3天。

百万富翁酥饼（巧克力焦糖酥）

　　制作传统的百万富翁酥饼，只需要把食谱上焦糖酱中的盐减为一小撮即可，巧克力层上也不需要撒盐。

烘焙百变秘笈

如果在一些特别的场合或有特殊需要时，你仍然不确定烘烤些什么合适，下面的建议帮助你在适当的时机选择适当的食谱。

没时间做烘焙

水果杯子蛋糕，第26页
瑞士卷，第38页
维多利亚三明治蛋糕（用一次放入所有原料的方式做），第46页
巧克力坚果香蕉面包，第50页
麦乳精巧克力生日蛋糕，第64页
胡萝卜蛋糕配奶油奶酪糖霜（做成杯子蛋糕），第92页
健康蓝莓麦芬，第104页

食品义卖会上的销售冠军

黄金橘子蛋糕，第22页
麦乳精巧克力生日蛋糕（不放蜡烛），第64页
樱桃杏仁酥粒切片蛋糕，第88页
白脱牛奶磅蛋糕（柠檬味），第30页
胡萝卜蛋糕配奶油奶酪糖霜（做成完整的大蛋糕或杯子蛋糕），第92页
焦糖核桃咖啡蛋糕，第110页
迦法柑橘大理石蛋糕，第84页

亲子烘焙时间

花生酱饼干，第34页
水果杯子蛋糕，第26页
糖衣姜糖饼干，第42页
柠檬葡萄干煎饼，第52页
瑞士卷，第38页
健康蓝莓麦芬，第104页
红丝绒无比派（做成香蕉太妃口味），第164页

孩子们的生日聚会

石板街巧克力饼干，第56页
水果杯子蛋糕，第26页
麦乳精巧克力生日蛋糕（不放蜡烛），第64页
花生酱饼干，或三重巧克力饼干（做成冰淇淋三明治），第34及第118页

提前做好或冻好

迦法柑橘大理石蛋糕，第84页
维多利亚三明治蛋糕，第46页
浓情巧克力蛋糕，第134页
三重巧克力饼干，第118页
花生酱饼干，第34页
蔓越莓史多伦，第182页

野餐或露营

蓝莓肉桂酥粒蛋糕，第114页
黄金橘子蛋糕，第22页
石板街巧克力饼干，第56页
全橙杏仁蛋糕，第202页
海盐焦糖黄油酥饼，第232页
迦法柑橘大理石蛋糕，第84页
白脱牛奶磅蛋糕，第30页
巧克力坚果香蕉面包，第50页

准妈妈派对

糖霜杯子蛋糕（用浅蓝色和浅粉色或浅黄色装饰），第160页
薄荷巧克力马卡龙（覆盆子口味），第222页
巧克力奶酪布朗尼，第96页
林茨饼干（用柠檬酱做夹心），第138页

婚礼、纪念日或正式聚会

香草庆典蛋糕，第168页
节日水果蛋糕，第176页
糖霜杯子蛋糕，第160页
分层巧克力蛋糕，第134页

传统英式下午茶派对

经典脆皮面包（用来做黄瓜三明治），第68页
香草水果司康（配上奶油和果酱），第60页
经典黄油酥饼，第76页
法式柠檬挞（切成小块），第192页

致谢

如果没有以下诸位的帮助和支持，我可能无法顺利完成本书。书中照片的拍摄，要特别感谢利兹和麦克斯·哈拉拉·汉密尔顿，以及提供帮助的露丝·卡拉瑟斯，感谢你们的灵感、创造力和出色的照片。感谢我的助手苏菲·奥斯顿-史密斯、汉娜·舍伍德和露西·坎贝尔，她们帮助我完成了许多道食谱。此外，还要感谢不时为我们提供帮助的特蕾莎·科恩和我亲爱的妈妈琳达。

感谢为我提供建议的莱斯莉·哈钦斯，还有我英雄般的食谱测试员，妈妈（再次感谢），皮普·班内特、海伦·贝克-班菲尔德、杰梅茵·麦克布莱德、露西·坎贝尔、葆琳·科普斯泰克、凯瑟琳·加德纳、萨拉·古丝和艾玛·亨利，感谢你们在自己的厨房里试做我的食谱。

感谢费顿出版社（Phaidon Press）的团队。特别要鸣谢艾玛·罗伯森策划本书，还有劳拉·格莱威编辑完成此书。感谢凯利·莱蒙创作出绝妙出色的插图，以及安娜·麦吉米克斯用心的设计，和凯西·斯蒂尔的认真校对。感谢麦吉米克斯英国公司提供的烘焙设备。

最后，感谢罗斯，感谢你的信任和支持，还有我们所有的朋友、家人和邻居，感谢你们不厌其烦地吃光依照书中食谱做出的糕点。我们一起成就了这本书，所有人；衷心感谢你们。

版权声明

图书在版编目（CIP）数据

私房烘焙的第一堂课 / （英）简·霍恩比著 ； 朱晓
朗译. — 北京 ： 北京美术摄影出版社，2017.8
书名原文：What to Bake and How to Bake It
ISBN 978-7-5592-0030-3

Ⅰ. ①私… Ⅱ. ①简… ②朱… Ⅲ. ①面包—烘焙
Ⅳ. ①TS213.21

中国版本图书馆CIP数据核字（2017）第173913号

北京市版权局著作权合同登记号：01-2016-4492

责任编辑：董维东
执行编辑：张　晓
责任印制：彭军芳
装帧设计：北京利维坦广告设计工作室

私房烘焙的第一堂课
SIFANG HONGBEI DE DI-YI TANG KE

[英] 简·霍恩比　著

朱晓朗　译

出　版　北京出版集团公司
　　　　　北京美术摄影出版社
地　址　北京北三环中路6号
邮　编　100120
网　址　www.bph.com.cn
总发行　北京出版集团公司
发　行　京版北美（北京）文化艺术传媒有限公司
经　销　新华书店
印　刷　北京华联印刷有限公司
版印次　2017年10月第1版第1次印刷
开　本　889毫米×1194毫米 1/16
印　张　15
字　数　360千字
书　号　ISBN 978-7-5592-0030-3
定　价　168.00元

如有印装质量问题，由本社负责调换
质量监督电话　010-58572393

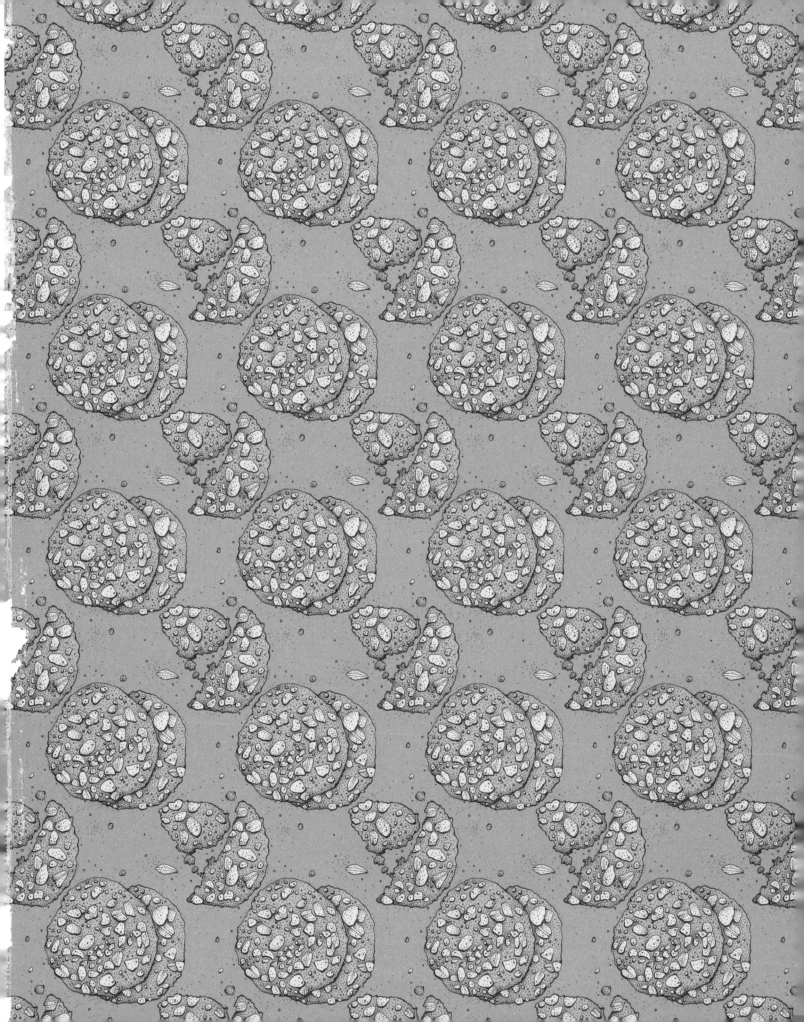

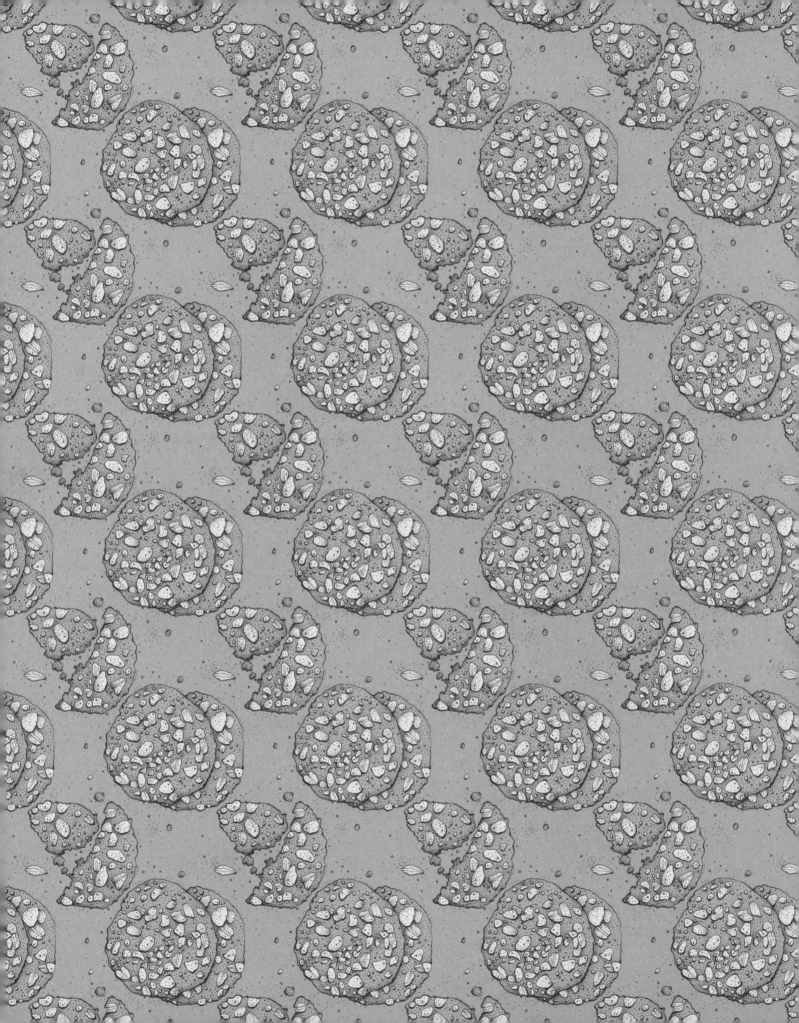